乡村振兴战略·浙江省农民教育培训丛书

植物保护装备

浙江省农业农村厅　编

ZHEJIANG UNIVERSITY PRESS
浙江大学出版社
· 杭州 ·

图书在版编目（CIP）数据

植物保护装备/浙江省农业农村厅编．—杭州：浙江大学出版社，2023.4

（乡村振兴战略·浙江省农民教育培训丛书）

ISBN 978‑7‑308‑21942‑6

Ⅰ.①植…　Ⅱ.①浙…　Ⅲ.①植物保护－设施农业　Ⅳ.①S62

中国国家版本馆 CIP 数据核字（2023）第 048631 号

植物保护装备

浙江省农业农村厅 编

丛书统筹	杭州科达书社
出版策划	陈　宇　冯智慧
责任编辑	陈　宇
责任校对	赵　伟　张凌静
封面设计	三版文化
出版发行	浙江大学出版社
	（杭州市天目山路148号　　邮政编码 310007）
	（网址：http://www.zjupress.com）
制作排版	三版文化
印　　刷	杭州艺华印刷有限公司
开　　本	710mm×1000mm　1/16
印　　张	9.25
字　　数	160千
版 印 次	2023年4月第1版　2023年4月第1次印刷
书　　号	ISBN 978‑7‑308‑21942‑6
定　　价	60.00元

乡村振兴战略·浙江省农民教育培训丛书

编辑委员会

主　　任　唐冬寿

副 主 任　陈百生　王仲淼

编　　委　田　丹　林宝义　徐晓林　黄立诚　孙奎法
　　　　　张友松　应伟杰　陆剑飞　虞轶俊　郑永利
　　　　　李志慧　丁雪燕　宋美娥　梁大刚　柏　栋
　　　　　赵佩欧　周海明　周　婷　马国江　赵剑波
　　　　　罗鸳峰　徐　波　陈勇海　鲍　艳

本书编写人员

主　　编　金浙红　张加清

副 主 编　周彦春　应博凡　陈勇海

编　　撰　（按姓氏笔画排序）
　　　　　王　洁　卢江平　朱建锡　杨晓平　应博凡
　　　　　应朝纲　沈　怡　宋　涛　张加清　陈长卿
　　　　　陈勇海　苗承舟　范颖霞　金浙红　周彦春
　　　　　赵　晋　赵佳敏　赵树武　赵剑波　高吉良
　　　　　蒋　深

丛书序

　　乡村振兴，人才是关键。习近平总书记指出，"让愿意留在乡村、建设家乡的人留得安心，让愿意上山下乡、回报乡村的人更有信心，激励各类人才在农村广阔天地大施所能、大展才华、大显身手，打造一支强大的乡村振兴人才队伍"。2021年，中共中央办公厅、国务院办公厅印发了《关于加快推进乡村人才振兴的意见》，从顶层设计出发，为乡村振兴的专业化人才队伍建设做出了战略部署。

　　一直以来，浙江始终坚持和加强党对乡村人才工作的全面领导，把乡村人力资源开发放在突出位置，聚焦"引、育、用、留、管"等关键环节，启动实施"两进两回"行动、十万农创客培育工程，持续深化千万农民素质提升工程，培育了一大批爱农业、懂技术、善经营的高素质农民和扎根农村创业创新的"乡村农匠""农创客"，乡村人才队伍结构不断优化、素质不断提升，有力推动了浙江省"三农"工作，使其持续走在前列。

　　当前，"三农"工作重心已全面转向乡村振兴。打造乡村振兴示范省，促进农民、农村共同富裕，浙江省比以往任何时候都更加渴求

人才，更加亟须提升农民素质。为适应乡村振兴人才需要，扎实做好农民教育培训工作，浙江省委农村工作领导小组办公室、省农业农村厅、省乡村振兴局组织省内行业专家和权威人士，围绕种植业、畜牧业、海洋渔业、农产品质量安全、农业机械装备、农产品直播、农家小吃等方面，编纂了"乡村振兴战略·浙江省农民教育培训丛书"。

此套丛书既围绕全省农业主导产业，包括政策体系、发展现状、市场前景、栽培技术、优良品种等内容，又紧扣农业农村发展新热点、新趋势，包括电商村播、农家特色小吃、生态农业沼液科学使用等内容，覆盖广泛、图文并茂、通俗易懂。相信丛书的出版，不仅可以丰富和充实浙江农民教育培训教学资源库，全面提升全省农民教育培训效率和质量，更能为农民群众适应现代化需要而练就真本领、硬功夫赋能和增光添彩。

中共浙江省委农村工作领导小组办公室主任

浙江省农业农村厅厅长

浙江省乡村振兴局局长

王通林

2023年3月

前 言

　　为了进一步提高广大农民的自我发展能力和科技文化综合素质，造就一批爱农业、懂技术、善经营的高素质农民，我们根据浙江省农业生产和农村发展需要及农村季节特点，组织省内行业首席专家和行业权威人士编写了"乡村振兴战略·浙江省农民教育培训丛书"。

　　《植物保护装备》是"乡村振兴战略·浙江省农民教育培训丛书"中的一个分册，全书共分六章，第一章是电动喷雾器，第二章是担架式机动喷雾器，第三章是自走式喷杆喷雾机，第四章是遥控自走式喷杆喷雾机，第五章是单旋翼遥控飞行喷雾机，第六章是多旋翼遥控飞行喷雾机，每章均介绍了该类机械的结构原理、操作技术、注意事项和维护保养知识。

　　本书内容广泛、技术先进、文字简练、图文并茂、通俗易懂、编排新颖，可供广大农民专业合作社社员、家庭农场成员和农机大户阅读，也可作为农业机械技术人员和农业推广管理人员的技术辅导参考用书，还可作为高职高专院校、农林牧渔类成人教育等的参考用书。

目 录

第一章　电动喷雾器

　　电动喷雾器是在手动喷雾器的基础上，以电作为动力，利用空吸作用将药水或其他液体变成雾状，均匀地喷射到其他物体上的器具。本章主要介绍欧森OS-16D型、3WBD-18型、WS-18D型、FST-20DA型、Farmate（法美特）BBS-18型和3WBD-18N型六种电动喷雾器的主要性能，以及电动喷雾器的基本结构、工作原理和优缺点。同时，还介绍电动喷雾器的主要操作技术、操作注意事项和维护保养信息。

一、结构原理

（一）概念

电动喷雾器由贮液桶经滤网、连接头、抽吸器、连接管、喷杆、喷头依次连接、连通构成。抽吸器是一个小型电动泵，它经电线及开关与电池连接，贮液桶底部可制成带有下沉式凹槽，用以装电池。电动喷雾器的优点是取消了抽吸式吸筒，有效消除了农药外泄伤害到操作者的弊病，且电动泵压力比人手动吸筒压力大，提高了药液雾化效果，增大了喷洒距离和范围。

简单来说，电动喷雾器是在手动喷雾器的基础上，以电作为动力，利用空吸作用将药水或其他液体变成雾状，均匀地喷射到其他物体上的器具。电动喷雾器适用于各种农作物和经济作物的病虫害防治，如水稻、小麦、玉米、大豆、蔬菜、茶树、桑树、葡萄、柑橘等；也可用于园艺花卉病虫害的防治以及宾馆、车站等公共场所和禽舍、畜舍的卫生防疫与清洁环境等。

（二）型号

1 欧森 OS-16D 电动喷雾机

浙江欧森机械有限公司的欧森OS-16D 电动喷雾器（见图1.1），外形尺寸为410mm×205mm×560mm，整机净重5.2kg，药箱容积为16L，工作压力为0.15M~0.4MPa。

图1.1 欧森OS-16D电动喷雾机

2 3WBD-18电动喷雾器

桂林高新区科丰机械有限责任公司的 3WBD-18 电动喷雾器（见图 1.2），外形尺寸为 380mm×190mm×530mm，整机净重 5.8kg，药箱容积为 18L，工作压力为 0.15M~0.4MPa；泵型式为隔膜泵，隔膜行程为 3.5mm，直流电机工作电压为 12V，喷头型式和规格为切向进液式，直径为 1.4mm，蓄电池容量为 12V/8Ah。

图1.2　3WBD-18电动喷雾器

3 WS-18D 电动喷雾器

山东卫士植保机械有限公司的 WS-18D 电动喷雾器（见图 1.3），外形尺寸为 380mm×260mm×550mm，整机净重6kg，药箱容积为 18L，工作压力为 0.15M~0.4MPa，蓄电池容量为 12V/8Ah~12V/12Ah。

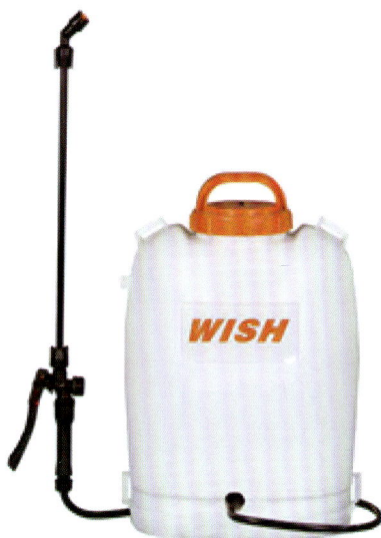

图1.3 WS-18D电动喷雾器

4 FST-20DA 电动喷雾器

富士特有限公司的 FST-20DA 电动喷雾器（见图 1.4），外形

图1.4 FST-20DA背负式电动喷雾器

尺寸为 320mm×240mm×550mm，药箱容积为 20L，工作压力为 0.15M~0.6MPa，直流电机工作电压为 12V，蓄电池容量为 12V/8Ah、12V/9Ah、12V/10Ah 和 12V/12Ah。

5 Farmate（法美特）BBS-18 电动喷雾器

台州信溢农业机械有限公司的 Farmate BBS-18 电动喷雾器（见图 1.5），外形尺寸为 370mm×250mm×530mm，整机净重 6.8kg，药箱容积为 18L，蓄电池容量为 12V/7Ah；充电器规格为 100~240V，50Hz 或 60Hz 输入，12V 直流 1700mA 输出；泵为隔膜泵，氟胶阀；12V 最大流量为 0.7gal/min（1gal=3.785L），搭配 40PSI 压力开关。

图 1.5　Farmate BBS-18 电动喷雾器

6 3WBD-18N 电动喷雾器

台州信溢农业机械有限公司的 3WBD-18N 电动喷雾器（见图 1.6），外形尺寸为 415mm×215mm×560mm，整机净重 6kg，药箱容积为 18L，蓄电池可选铅电或锂电，容量有 12V/8Ah、12V/10Ah 和 12V/12Ah 可选。充电器规格为 100~240V，50Hz 或 60Hz 输入，工作压力为 0.15M~0.4MPa。

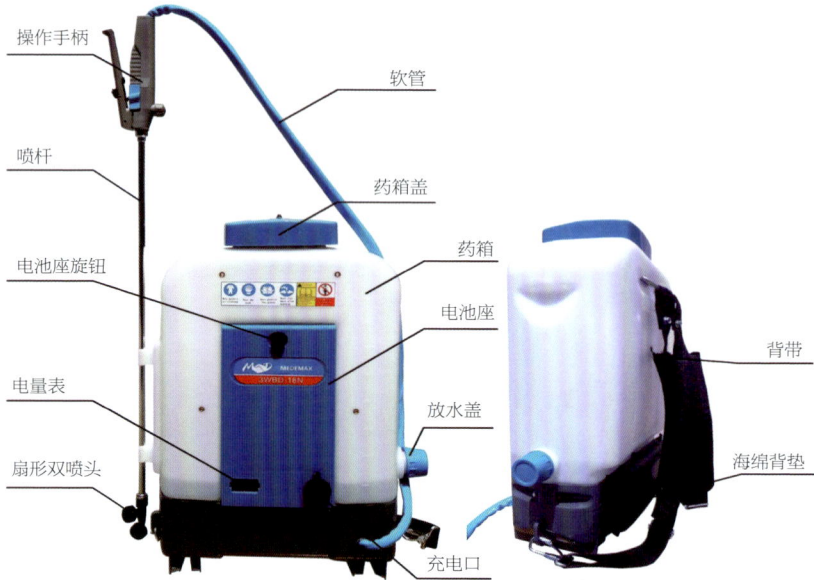

图 1.6　3WBD-18N 电动喷雾器

（三）基本结构

电动喷雾器主要由以下四部分组成。

1　微型电动隔膜泵

隔膜泵为电动喷雾器的核心部件，隔膜泵的各项参数会直接影响整机的性能。微型直流电机是电动喷雾器的动力来源，驱动膜片运动。隔膜泵设有调压微动开关，当压力超过额定值时会自动关闭泵体电源，以避免电机高负荷运转，保护电机。隔膜泵通过泵体固定板与药箱连接（见图 1.7）。

图1.7　微型电动隔膜泵

2　蓄电池

一般采用铅酸蓄电池。用捆扎带固定在蓄电池座上。通过充放电导线组合给电机供电，充放电导线组合设有保险丝，发生意外时可以保护电机（见图 1.8）。

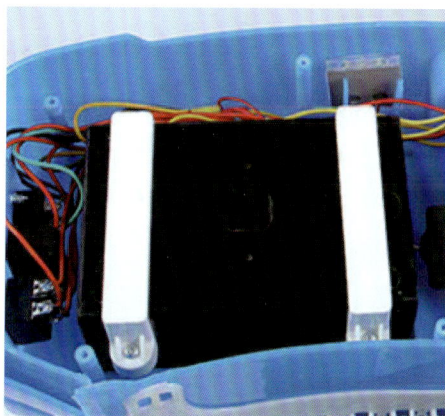

图1.8　蓄电池

3 **药箱**

用来盛装液剂。模仿人体后背曲线设计外形，背负起来会更舒适（见图 1.9）。

图1.9 药箱

4 **喷洒部件**

完成喷洒雾化工作。具有阀芯式开关，不易渗漏，操作灵活简便。打开电源开关后，按下手把开关即可开始工作；松开手把开关后管道压力增大，隔膜泵会关闭电源并停止工作；再按下手把开关，压力减小，电泵自动开始工作（见图 1.10）。

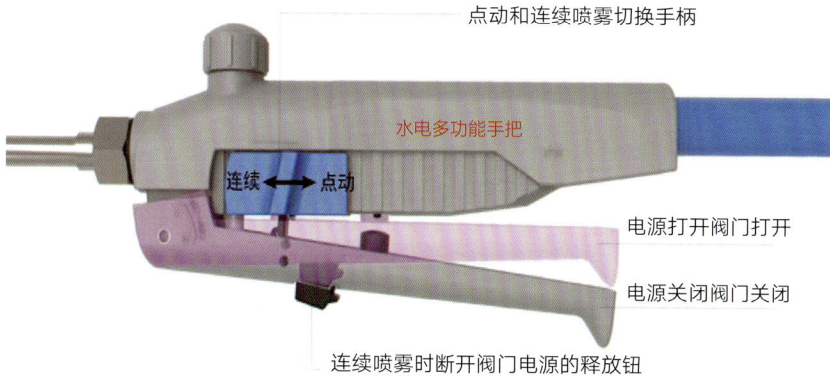

点动和连续喷雾切换手柄

水电多功能手把

连续 ↔ 点动

电源打开阀门打开

电源关闭阀门关闭

连续喷雾时断开阀门电源的释放钮

图1.10 喷洒部件

（四）工作原理

电动喷雾器由贮液桶、加液过滤网、连接头、抽吸器、连接管（软管）、操作手柄、喷杆、喷头等依次连接构成（见图1.11）。

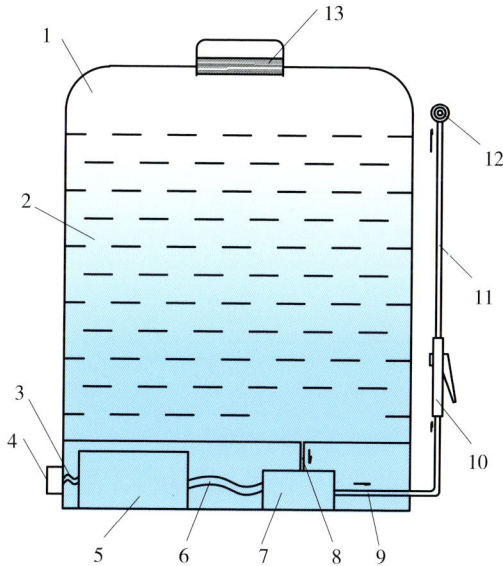

1.贮液桶；2.药液；3.开关线；4.电开关；5.蓄电池；6.泵电源线；7.抽吸器（隔膜泵）；
8.泵进水口连接软管；9.泵出水口连接软管；10.操作手柄（带开关）；
11.喷杆；12.喷头；13.加液过滤网

图1.11 电动喷雾器结构示意

抽吸器是一个小型电动泵，由蓄电池供电，用开关控制。电池盒装于贮液桶底部，贮液桶可制成带有沉下的装电池的凹槽，便于安装电池。

开关通电后，小型电动隔膜泵启动，药液经加液过滤网进入贮液桶，再由连接管接入隔膜泵进水口，药液经隔膜泵加压后形成一定压力，从出水口流出，经连接管流入操作手柄（带开关）和喷杆，最后经喷头雾化后喷出。

（五）优缺点

电动喷雾器的优点是以微型直流电机为动力，可靠耐用；采用自动压力控制，操作方便安全；隔膜泵为双向膜片式，结构简单、紧凑，维修方便；隔膜泵外形零部件均为塑料件，质量轻、耐腐蚀，使用寿命更长；取消了抽吸式吸筒，有效消除了农药外泄伤害操作者的弊病，并且电动泵压力比人手动吸筒压力高，流量大，雾化效果好，增大了喷洒距离和范围，生产效率高（可达背负式手摇喷雾器的3~4倍），使用方便，省时、省力、省药，防治效果明显。

电动喷雾器的缺点是蓄电池的容电量决定了喷雾器连续作业时间的长短，型号各异，配件不通用，维修不易；水泵容易出毛病，不太好修。

复习思考题

1. 什么是电动喷雾器？其由哪些器件组成？

2. 微型电动隔膜泵主要有什么作用？

3. 电动喷雾器的工作原理是什么？

二、操作技术

（一）电池充电

　　解开肩带和背垫让电池组充分露出，蓄电池座的面板上有两个插孔（见图1.12）。一个是给电源供电的插孔，通常用连接电泵的插头给电泵供电；另一个用于连接充电器插头，充电时只要把充电器的输出端插到该插孔，再将充电器输入端接入220V交流电即可。正常充电时，充电器的指示灯为红色，充满电时指示灯转为绿色。充电完毕记得将充电器电源线从家用电源插座上拔下。蓄电池的接线不能接错，否则将烧坏充电器和电池，红色的导线应该接电池的红色接线端子。充电器使用条件见表1.1。

图1.12　电池充电

表1.1　充电器使用条件要求

参数名称	使用条件
额定输入电压	AC100~210V
输入频率	50/60Hz
使用温度	10~30℃
保存温度	-10~40℃
使用场所	仅限室内

　　务必使用机器自配的专用充电器充电，以免发生火灾。另外，严禁将自配的专用充电器用于其他机器充电或作为电源使用。如果发觉充电器有异常，要立即拔下电源插头，以免发生触电、发热、着火。不要用发电机作为充电电源，否则会损坏充电器。

　　喷雾器使用的电池如果需要更换，新的电池应经过认定，符合要求才能更换。报废的蓄电池切勿随意丢弃，请在有资质的可回收中心处理。

（二）喷洒部件连接

　　把喷杆插入开关体内并拧紧喷杆螺帽，一只手握紧手把组合，另一只手抓住喷头调整喷头的方向。注意不可用钳子夹紧喷杆螺帽，否则有可能损坏喷杆螺帽（见图 1.13）。

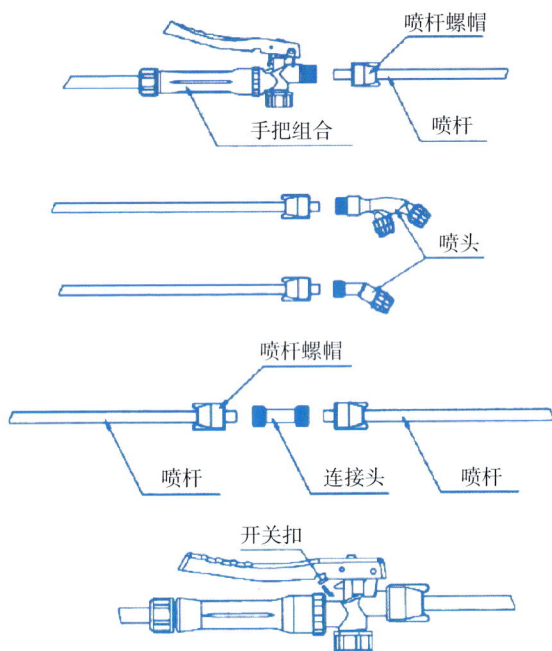

图1.13　各种手持式喷杆

如果想喷射比较高的作物，可以使用连接头将两根喷杆连接起来增加喷杆的长度。一般配置三种喷头，可以根据实际作业更换不同流量的喷头来满足喷洒要求（见表1.2）。

表1.2 不同流量的喷头

喷头类型	喷孔直径 /mm	流量 /(L·min⁻¹)	工作压力 /MPa	喷头数量
圆锥雾喷头	1.5	0.85	0.15～0.35	1
扇形雾喷头	0.7	0.48	0.15～0.40	1
F型喷头	1.5	1.20	0.15～0.25	2

注：表中数值为试验值，非保证值；流量、工作压力会随使用环境发生变化。

（三）加液

为检查喷雾器零部件是否安装正确和漏气，使用时先装清水试喷，然后再装药剂。

灌装液体的时候应将喷雾器放在平地上，喷雾器一定要使用加液过滤网，以保护出水口不被堵塞，因为堵塞可能会导致喷雾器不能正常喷射（见图1.14）。

灌装药液的时候一定要缓慢，防止药液外溢，药液的液面不能超过安全水位线。如果有液体溢出，则要立即用干纱布擦拭干净。确保药液不流到蓄电池和电泵部分，因为药液会腐蚀电器线路和电机，使机器的使用寿命大大缩短。

严禁使用"开尔森"水剂等一些容易遇热凝固的溶剂，因为液泵运转产生的热量容易使这些药剂凝固，造成液泵无法运转。

（四）喷雾

一定要在药箱中加入水后再进行电池检查，避免液泵空转损坏。

启动：将电源开关置于"-"位置，握紧手把压杆，打开单向阀，开始喷雾。

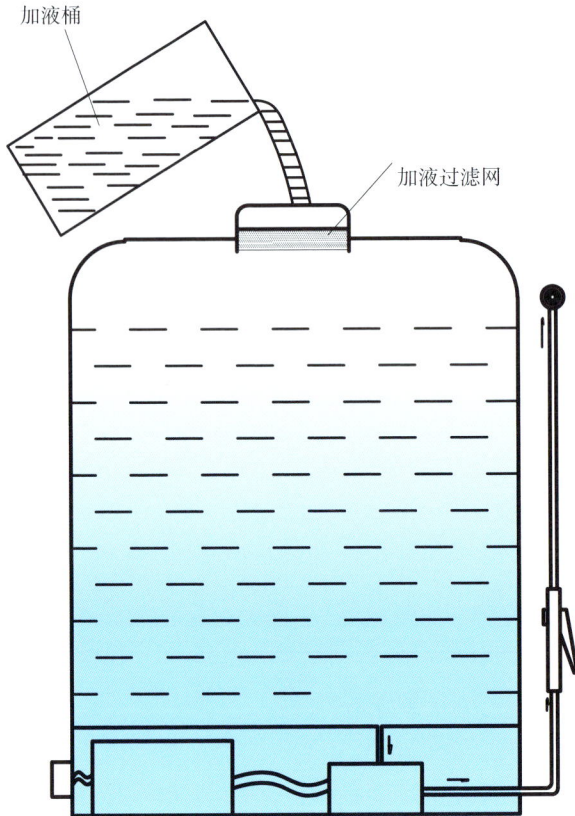

图1.14　加液

　　停机：将电源开关置于"○"位置，液泵停止工作，松开手把压杆，作业停止（即使不关闭电源开关，液泵也不工作）。

　　开关扣可以双向选择：不操作开关扣的时候，可以断续喷雾；将压手按下，把开关扣挂在开关体上时，可以连续喷雾。当喷雾器电量低的时候，出水会慢慢变少，此时需要重新充电。每次充电不需要等电量全部消耗完，电池可以随时充电，并且会回到最佳饱和状态，不会影响电池使用寿命。

　　喷洒完毕后，排出药箱内的残液，用清水洗净药箱内壁附着的药液。然后向药箱中注入适量清水，开启液泵运转2~3min，使泵内、喷杆、喷头等内部附着的药液得到冲刷清洗，然后倒出药箱内液体，再次开启液泵，等彻底排出内部残液后，将电源开关置于"○"位置（见图1.15）。

图1.15　电源开关"○"位置

复习思考题

1. 电池如何正确充电？
2. 如何连接喷洒部件？
3. 如何给电动喷雾器加液？

三、注意事项

（一）阅读说明书

仔细阅读机器说明书，不明之处应到当地销售部门或植保部门咨询。

（二）充电

新购机器使用前，或长时间闲置的机器使用前务必充电。充电必须使用专用充电器，第一次使用时电池必须充满电。不要超过说明书规定的最长充电时间，否则电池易过充，造成电池漏液、发热、开裂。

充电时不要把机器的电源开关置于"−"位置。不要在潮湿的室内或者用湿手进行充电操作，以免触电；也不要在阳光直射、高温环境或者靠近发热物体使用、存放喷雾器，否则会加快电池老化，而且可能会发生电池漏液、发热、开裂、打火等现象；也不要在电池低温状态或者是在寒冷的室外进行充电，否则电池可能因漏液而缩短寿命。不要用力拉充电器的导线。

电线、插头等发生损坏，或者插座松动接触不良时不要使用，否则可能发生触电、短路、着火等危险。如果插头没有完全插到位，也会发生触电、着火等危险。

充电器与电池等不要放在潮湿或灰尘多的地方，以免发生触电、发热、破裂等现象。如果发现电池有漏液、变色、变形等异常现象，不可再使用。

定期清除插头上面的灰尘，电池接头有污垢要用干布擦拭，接触不良会造成机器断路或者不能充电。为确保安全，不要在儿童能够接触到的地方存放或使用机器，以免发生触电。

（三）加液

应确认电源开关处于断开状态才能将药液加入喷雾器。药箱侧面有刻度，请按照作业量加注药液。一定要在其他容器中将药液混合均匀，按照药剂规定混合药液，混合不当的药剂不仅会伤害作物，还会伤及人体。加注完药液一定要拧紧药箱盖。

严禁用喷雾器喷洒强酸性液体、油漆、挥发剂。

（四）喷雾

初次装药液时，由于喷杆内可能含有清水，开始喷雾的前 2~3min 内所喷出的药液浓度较低，所以应注意补喷，以免影响病虫害的防治效果。

作业时应该按作业标准要求或说明书要求穿戴防护服装。要求戴有凸缘的帽子，戴防尘或防护眼镜，戴防尘口罩，穿防农药穿透的外衣，戴长手套，穿高筒靴。喷洒药剂最好在早上和下午凉爽无风的天气下进行，这样可减少农药的挥发和飘移，提高防治效果。作业人员要在风向上方（以药液不飘向作业人员为准）。若不慎将农药溅入嘴里或眼内，应立即用干净水冲洗，严重者请医生治疗。为确保人身安全，喷洒作业时，如感觉头痛、眩晕，应停止作业并请医生治疗。

喷洒结束后，药箱中的残留药液应按农药处理规定进行处理，并用清水洗净倒干。操作者必须冲洗身体各部位，并对各类穿戴衣物进行清洗。

下列人员不得进行喷洒作业：有严重疾病的人或精神病患者，醉酒的人，未成年人或年老体弱的人，无操作知识的人，劳累过度、受外伤、有病正在服药等由于其他原因不能进行正常操作的人，刚进行过剧烈活动没有休息好、睡眠不足的人，哺乳期、妊娠期的妇女（见图 1.16）。

图 1.16　喷雾

（图片来源：http://detail.1688.com/offer/562718949777.html）

复习思考题

1. 新购机器充电时应注意哪些事项？
2. 加液时应注意哪些事项？
3. 喷雾时应注意哪些事项？

四、维护保养

（一）基本维护保养

1 日常保养

每天工作完毕后应清理机器表面的油污和灰尘；用清水洗刷药箱，并擦拭干净；检查各连接处是否漏水、漏油，并及时排除；检查各部位螺钉是否松动、丢失，并及时旋紧或补齐；蓄电池必须充电后存放，每次在使用前进行一次充电，以防使用中电量不足；保养后的机器应放在干燥通风处，勿近火源，避免日晒。

2 长期存放

机器长期存放不用时，应将机器表面仔细清洗干净；放尽药箱和液泵内的药液，并用清水清洗干净；蓄电池必须充电后存放。如果机器长时间不用，应该每隔一个月充电一次；将机器内各个金属零部件涂上黄油，防止生锈；各种塑料件不要长期暴晒，不得磕碰、挤压；整机用塑料罩盖好，放于干燥通风处。

3 清洗

回收残液，用清水冲洗。药箱内加入约 1L 清水，然后轻轻摇晃药箱即可。

液泵内清洗。药箱清洗完毕后,再加入清水,开启液泵进行喷雾,这样整个管路可以得到清洗。

过滤网清洗。清洗药箱口过滤网,清洗药箱内吸水口滤网。药箱底部设置吸水过滤器可以防止沙尘异物从药箱口滤网或者是其他途径进入药箱、吸入液泵。吸水过滤器堵塞后会使喷雾不正常,并严重影响液泵,所以使用后要及时拆下吸水过滤器进行仔细清洗。清洗完毕后要小心安装固定。

残留药液和清洗机器的水不要倒入河流、湖泊、水塘或者是下水道中,以免造成污染,要进行无害化处理。

4　蓄电池保养

使用过程中应根据实际情况、使用频率及喷洒时间等情况把握充电频次。充电时,蓄电池以放电深度为 60%~70% 最佳,充电时间约 8h。蓄电池长时间充电可能会出现过充现象,导致电池失水、发热,降低电池寿命。

蓄电池存放时严禁处于亏电状态(亏电状态是指电池使用后没有及时充电)。亏电状态下存放电池很容易出现硫酸盐化,硫酸铅结晶物附着在极板上会堵塞电离子通道,造成充电不足、电池容量下降。亏电状态闲置时间越长,电池损坏越重。因此,电池闲置不用时,应每月补充一次电,这样能较好地保持电池健康状态。

蓄电池充电时充电器略微发热属于正常;过充电或过放电都会显著缩短电池寿命;不要直接焊接电池,不然会破坏电池的安全;不要分解改装电池,随意改动会造成电池发热、破裂;不要用金属材料连接电池的正负极,也不要将电池与金属材料制品混合装运,否则会造成电池漏液、发热、破裂;不要用发电机作为充电电源,否则会损坏充电器;充电完毕后接着再充电时充电器的灯会亮,这属于正常情况,但会造成过充电;如果发觉充电器有异常,要立即拔下电源插头,以免发生触电发热、着火。

5 更换保险丝

为保护电机、充电器，喷雾器配有保险丝。由于某种原因造成保险丝烧断时，应拔开背部左右固定器，取出蓄电池组，松蓄电池捆扎带，移开蓄电池，打开保险丝护罩，取出烧坏的保险丝，换上新保险丝。另外，还要查明保险丝烧坏的原因并修复，然后再进行作业（见图 1.17）。

图1.17 保险丝

（二）常见故障处理

1 电机不转，喷雾异常的故障原因及排除方法

◎检查后如果发现电源开关在"○"位置，将开关置于"–"位置（见图 1.18）。

图1.18 电源开关位置

◎检查后如果发现接头松脱，接头重新连接（见图1.19）。

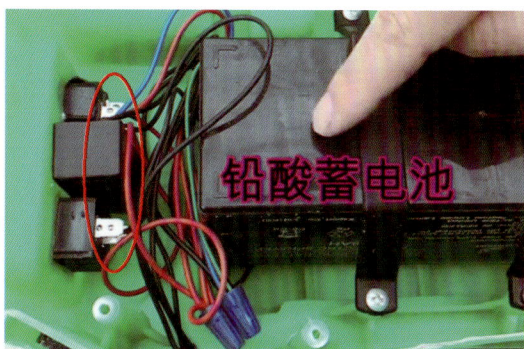

图1.19　接头

◎检查后如果发现开关损坏，更换开关。

◎检查后如果发现导线断路，更换或连接导线。

◎检查后如果发现保险丝熔断，更换保险丝熔断。

◎检查后如果发现电机断路，更换电机。

◎检查后如果发现电机烧损，更换电机。

◎检查后如果发现电池电压低，充电或更换电池。

◎检查后如果发现是管道内问题，打开手把开关。

◎检查后如果发现调压微动开关失效，更换调压微动开关（见图1.20）。

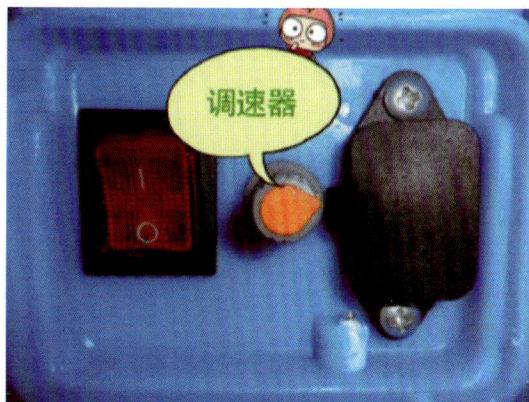

图1.20　调压微动开关

2 电机转，不喷雾的故障原因及排除方法

◎检查后如果发现喷嘴堵塞，清洗喷嘴。

◎检查后如果发现药箱内无药液，加注药液。

◎检查后如果发现药箱盖进气嘴堵塞，清洗药箱盖进气嘴。

◎检查后如果发现泵阀堵塞，清洗泵阀（见图 1.21）。

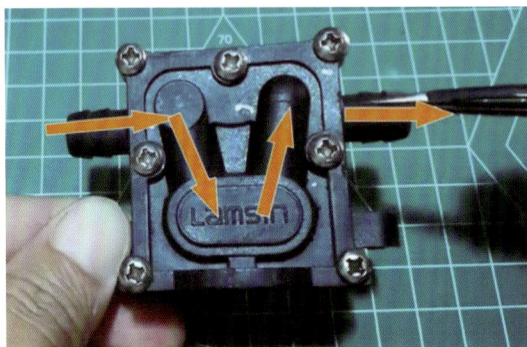

图 1.21　泵阀

◎检查后如果发现吸水口滤网堵塞，清洗吸水口滤网。

◎检查后如果发现调压螺丝松动，旋紧螺丝。

◎检查后如果发现泵阀堵塞，清洗泵阀。

◎检查后如果发现调压弹簧失效，更换调压弹簧（见图 1.22）。

◎检查后如果发现隔膜片失效，更换隔膜片（见图 1.23）。

图 1.22　调压弹簧

图 1.23　隔膜片

3 电机转，压力上不去的故障原因及排除方法

◎检查后如果发现泵阀堵塞，清洗泵阀。

◎检查后如果发现喷杆等管路堵塞，清洗喷杆等管路。

◎检查后如果发现药箱盖进气嘴堵塞，清洗药箱盖进气嘴。

◎检查后如果发现电机异常，更换电机。

◎检查后如果发现喷口磨损，更换喷口。

◎检查后如果发现调压微动开关失效，更换调压微动开关。

◎检查后如果发现胶管堵塞或打折、挤扁，清洗或整理胶管。

◎检查后如果发现调压螺丝松动，旋紧螺丝（见图 1.24）。

图1.24　调压螺丝

◎检查后如果发现调压弹簧失效，更换调压弹簧。

◎检查后如果发现电池电压低，充电或更换电池。

4 不能充电的故障原因及排除方法

◎检查后如果发现电池异常，更换电池。

◎检查后如果发现充电器异常，更换充电器。

◎检查后如果发现接头接触不良，重新连接接头。

◎检查后如果发现导线断路，更换或修复导线。

5 电池容量不能恢复的故障原因及排除方法

◎检查后如果发现充电时间不够，继续充电。

◎检查后如果发现电池异常，更换电池。

◎检查后如果发现充电器异常，更换充电器。

6　泵不转的故障原因及排除方法

◎检查后如果发现调压微动开关失效，更换调压微动开关。

◎检查后如果发现船形开关接触不良，更换船形开关（见图1.25）。

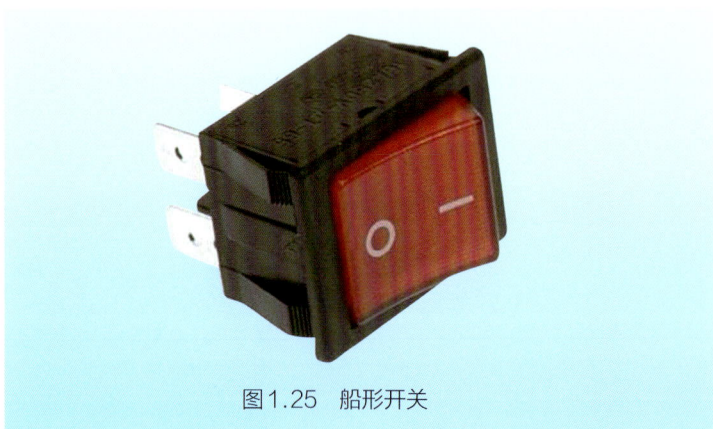

图1.25　船形开关

◎检查后如果发现电源开关在"○"位置，按正确方法操作。

◎检查后如果发现电机运转沉重，更换电机。

（三）维修信息

☐ **生产厂家**：浙江欧森机械有限公司

☐ **机型名称**：欧森 OS-16DE/18DE 电动喷雾器

☐ **地址**：台州市椒江区枫南东路 1459 号

☐ **电话**：0576-88121111，0576-88127711

☐ **网址**：http://www.ousen.cn/chinese/

复习思考题

1.怎样进行机器的日常保养?

2.怎样更换保险丝?

3.造成电机不转,喷雾异常的故障原因及排除方法有哪些?

DANJIASHI JIDONG PENWUQI

第二章　担架式机动喷雾器

　　担架式机动喷雾器是把机具的各个工作部件装在像担架的机架上，作业时由人抬着机架进行转移的喷雾器。本章主要介绍3WZ-34型、FST-D型、YS-22A型和3WZ-30D型四种担架式机动喷雾机，以及担架式机动喷雾器的主要性能、基本结构、工作原理和优缺点，同时还介绍担架式机动喷雾器的主要操作技术、操作注意事项和维护保养信息。

一、结构原理

（一）概念

担架式机动喷雾器是把机具的各个工作部件装在像担架的机架上，作业时由人抬着机架进行转移的喷雾器。担架式机动喷雾器适用于对各种农作物及城市的环保绿化、病虫防治（如茶园、水稻、花卉、蔬菜、梨、桃、苹果等农作物）的药剂喷雾与畜牧防疫消毒等。

（二）型号

1 3WZ-34担架式机动喷雾机

中农丰茂植保机械有限公司的3WZ-34担架式机动喷雾机（见图2.1）的配套动力为单缸四冲程柴油机或四冲程汽油机，采用柱塞泵，工作压力为1.0M~3.5MPa，流量为20~34L/min，转速为520~900r/min，喷枪喷量约为6.5L/min。

该机具的柱塞采用高硬度耐磨不锈钢材料，密封件采用氟橡胶

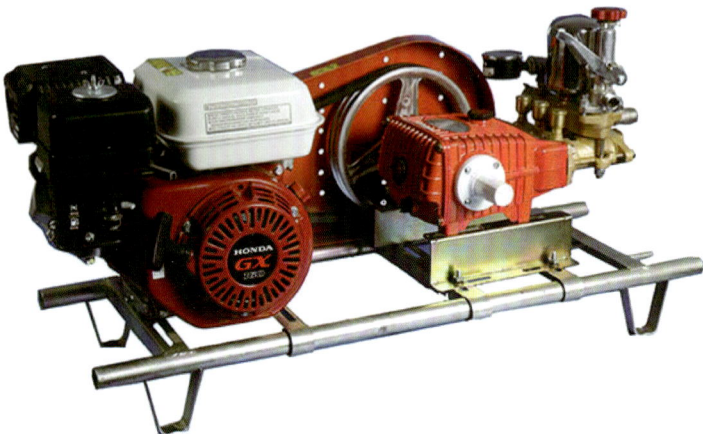

图2.1 3WZ-34担架式机动喷雾机

材料，调压阀采用陶瓷材料。安全阀可自动卸压，即喷雾机内可保持一定的工作压力，自动控制工作由压力式喷雾开关控制，打开喷雾开关后，喷雾压力立即恢复正常的工作压力，节约能源；射程半径可达 10m，雾化效果好。

2　FST-D 担架式机动喷雾机

富士特有限公司的 FST-D 担架式机动喷雾机（见图 2.2）采用 FST-22 柱塞泵，工作压力为 2.0M~3.5MPa，流量 22 为 L/min，转速为 800~1000r/min，射程为 10m，配套动力为 168F 汽油机。

该机具的柱塞采用高硬度耐磨不锈钢材料，密封件采用橡胶材料，调压阀采用不锈钢材料。安全阀功能为喷雾机在达到设定压力后，多余的水能顶开调压弹簧使锥阀打开，农药在回水口回入药箱，不对机器造成损坏，减少农药流失。

图2.2　FST-D担架式机动喷雾机

3　YS-22A 担架式机动喷雾机

台州市洋晟机械有限公司的 YS-22A 担架式机动喷雾机（见图 2.3）配套动力为单缸四冲程风冷汽油机，转速为 3600r/min，采用三缸柱塞泵，泵工作压力为 1.5M~3.5MPa，流量为 14.5~22.0L/min，整机工作压力为 2.0M~3.5MPa。

图2.3　YS-22A担架式机动喷雾机

4　3WZ-30D 担架式机动喷雾机

桂林高新区科丰机械有限责任公司的 3WZ-30D 担架式机动喷雾机（见图2.4）配套动力为 168F 汽油机，工作压力为 2.0M~3.5MPa，流量为 20~35L/min，转速为 800~1200r/min，射程为 10m。

（三）基本结构

担架式机动喷雾机由汽油机、三缸活塞泵、空气室、调压阀、混药器、喷头或喷枪和机架等组成，现以中农丰茂植保机械有限公司的 3WZ-34 担架式机动喷雾机为例进行介绍。

图2.4　桂林科丰3WZ-30D担架式机动喷雾机

1　三缸活塞泵

　　三缸活塞泵的三个缸并联，并通过曲柄连杆机构让三缸依次工作，由泵体、曲柄连杆机构、活塞组和排液阀等组成（见图2.5）。

　　活塞组由胶碗、胶碗托和三角支撑套筒构成。用活塞杆将平阀、带孔平阀与活塞组连接在一起，并使平阀、带孔平阀与活塞组有一定间隙，它们可以沿活塞杆方向移动。

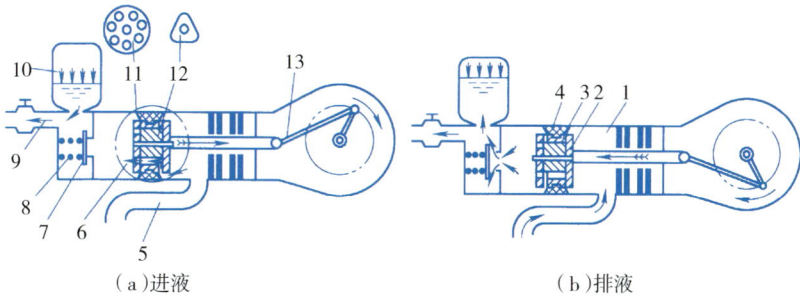

（a）进液　　　　　　　　　　　　（b）排液

1.泵室；2.平阀；3.胶碗托；4.胶碗；5.吸水管；6.活塞；7.排液阀；8.弹簧；9.排液管；
10.空气室；11.带孔平阀；12.三角支撑套筒；13.连杆

图2.5　三缸活塞泵

　　当活塞向上止点移动时，胶碗与泵体的摩擦作用会使活塞组与平阀紧靠在一起，将泵体左腔与右腔隔断。这时泵体左腔液体的压力增大，并顶起排液阀，液体被压入空气室；同时，泵体右腔的容积增大，压力减小，液体被吸入右腔。当活塞向下止点移动时，胶碗与泵体的摩擦作用会使活塞组与带孔平阀紧靠在一起，平阀与活塞组出现间隙，左腔与右腔接通。由于泵体左腔的容积增大，压力减小，排液阀自动关闭；同时，泵体右腔容积减小，压力增大，右腔的液体通过活塞组和带孔平阀进入左腔。

2　调压阀

　　调压阀用于调节喷雾机的喷雾压力（见图2.6）。锥阀由弹簧压紧，当空气室内液体对锥阀的压力大于弹簧的压力时，锥阀被顶起，液体沿回水管流回吸水管，直到空气室压力小于弹簧压力时，锥阀在弹簧压力的作用下复位，液体停止回流。转动调压阀上的调压轮可改变弹簧的压力，即可调节调压阀的开启压力，从而调节喷雾机的喷雾压力。

　　调压轮的下部装有卸压手柄，顺时针振动卸压手柄时，会卸去弹簧对锥阀的压力，大量液体会通过阀门回

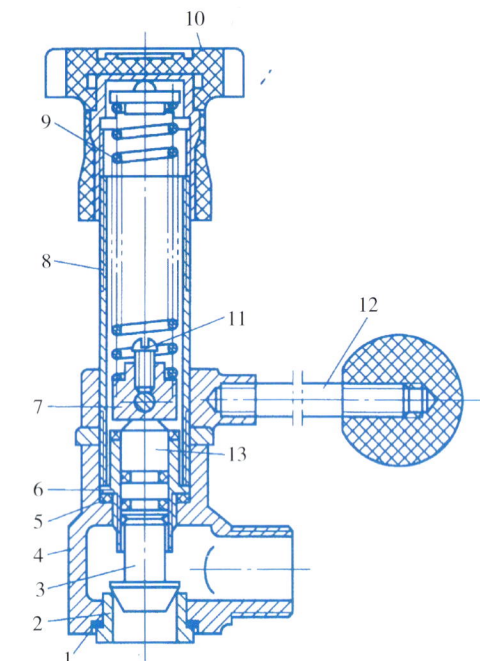

1.垫圈；2.阀座；3.锥阀；4.回水室；5.垫圈；6.阀套；
7.弹簧座；8.套管；9.弹簧；10.调压轮；11.螺钉；
12.卸压手柄；13.阻尼塞

图2.6　调压阀

流，使喷雾机压力迅速降低。

3　混药器

混药器是将母液与水混合稀释的部件（见图2.7）。当液体流过射嘴时，由于射嘴的截面减小，液体的流速增大，T形接头与射流体连接处的压力减小，从而将母液吸入混药器内与水混合。

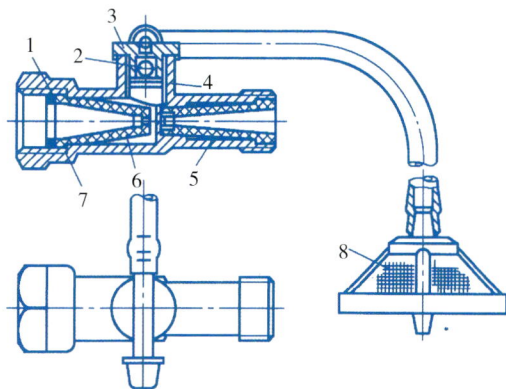

1.垫圈；2.玻璃球；3.T形接头；4.销套；5.衬套；
6.射嘴；7.壳体；8.吸药滤网

图2.7　射流式混药器

4　喷头

喷头的功用是将药液雾化，使雾滴分布均匀。喷头的结构决定喷雾的质量，而喷雾质量又直接影响对病虫害的防治效果。喷雾机常用的喷头有切向离心式喷头、涡流芯式喷头、扇形雾喷头和撞击式喷头。

切向离心式喷头由喷头帽、喷孔片和喷头体等组成（见图2.8）。喷头体加工成带锥体芯的内腔和与内腔相切的输液斜道。喷孔片中央的喷孔有孔径1.3mm和1.6mm两种规格。内腔与喷孔片之间构成锥体芯涡流室。当药液由喷杆进入输液斜道时，由于输液斜道截面变小，流速会增高。药液沿输液斜道按切线方向进入涡流室，绕

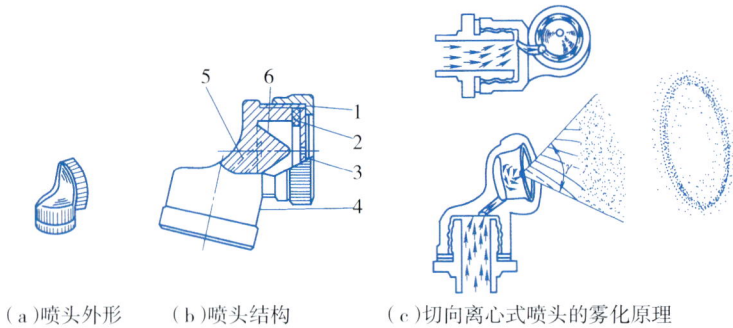

（a）喷头外形　（b）喷头结构　（c）切向离心式喷头的雾化原理

1.喷头帽；2.垫圈；3.喷孔片；4.喷头体；5.输液斜道；6.锥体芯

图2.8　切向离心式喷头

锥体芯做高速旋转运动。旋转运动所产生的离心力及喷孔内外压力差的联合作用，使药液在通过喷孔后形成扭转圆锥形液流薄膜，即形成空心锥。离喷孔越远，液流薄膜被撕展得越薄，并受到迎面空气的撞击。当离心力和空气的撞击力大于药液表面张力的黏滞力时，药液薄膜便被细碎成细雾滴，喷洒到作物上。这时雾滴分布为一个圆环，雾圆锥顶角简称为雾锥角。这种喷头应用广泛，为了提高效率，除了制造单个喷头外，还要将两个喷头或四个喷头做成一体，称为双喷头或四喷头。

涡流芯式喷头有大田型和果园型两种。大田型喷头的喷头帽上有矩形螺旋槽。涡流芯前端面与喷头帽之间构成涡流室，它是不可调节的[见图2.9（a）]。涡流芯式喷头的雾化原理与切向离心式喷头相同。根据防治需要，可以更换喷头帽或涡流芯改变喷孔大小或螺旋角。螺旋角增大，相当于涡流室变深，涡流室药液的切向分速减小；而轴向分速增大会使雾滴变大，喷幅变窄，射程变远。果园型喷头的特点是涡流芯上的矩形螺旋槽数少，槽的截面积大，槽的螺旋角也大[见图2.9（b）]。转动手柄使涡流芯前移或后退可以调节涡流室的深浅。涡流室变浅时，喷出的雾滴小，雾锥角大，射程近；反之，雾滴大，雾锥角小，射程远。

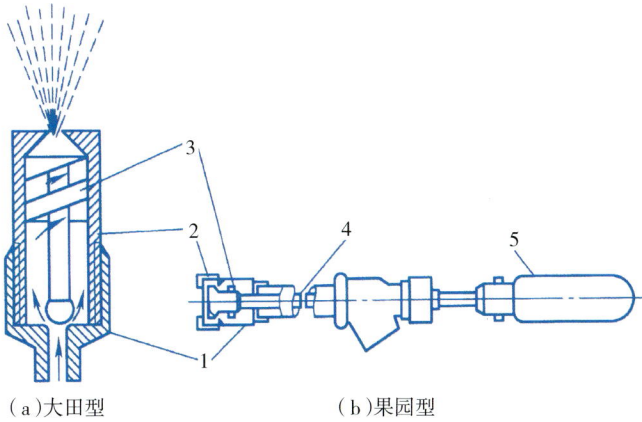

（a）大田型　　　　　　（b）果园型

1.喷头体；2.喷头帽；3.涡流芯；4.推进杆；5.手柄

图2.9　涡流芯式喷头

扇形雾喷头由垫圈、喷嘴和压紧螺母等组成（见图2.10）。扇形雾喷头喷嘴头上开有内外两条半月形槽，且相互垂直。两槽相切，形成一正方形喷孔。这种喷头喷出的雾滴分布均匀、喷幅较宽，射程也较远，能适应0.15M~2.00MPa的工作压力，被广泛应用于机动喷雾机。与切向离心式喷头相比，在相同压力下，由于喷出的雾滴直径比较大，故较多用于喷除草剂和肥料。

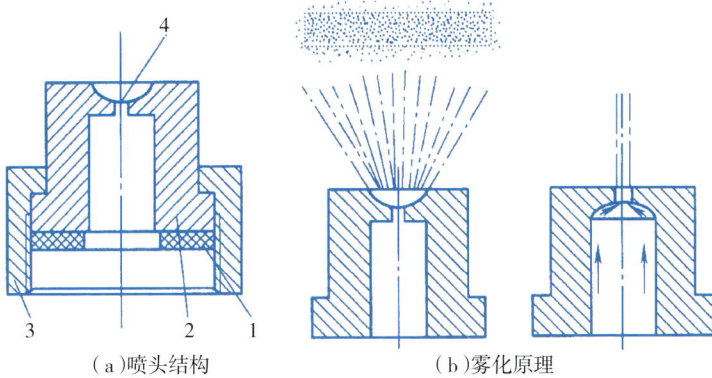

（a）喷头结构　　　　　　（b）雾化原理

1.垫圈；2.喷嘴；3.压紧螺母；4.喷孔

图2.10　扇形雾喷头

撞击式喷头的喷枪有远射程和组合式两种。远射程喷枪由喷嘴、喷嘴帽、枪管、扩散片等组成（见图2.11）。喷嘴制成锥形腔孔，出口孔径一般为3~5mm。其特点是药液压力高，喷液量大。一般喷药压力为1.5M~2.5MPa。工作时，高压药液通过喷嘴到达出口处，由于喷嘴截面减小，药液流速增大，形成高速射流液柱，射向远方。液柱与空气撞击和摩擦，克服药液表面的张力和黏滞力，被细碎成雾滴。扩散片阻止液柱，使近处也能得到均匀的雾滴散落，增大喷幅。组合式喷枪由锥形腔孔喷嘴与狭缝式喷嘴组合而成（见图2.12）；狭缝式喷嘴的狭缝必须在两喷嘴所在的平面内。狭缝式喷嘴的雾滴较细，射程较远。两喷嘴组合后，远近都能喷洒，可增大喷幅。其雾化原理与远射程喷枪相似。

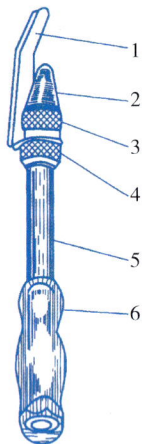

1.扩散片；2.喷嘴；3.喷嘴帽；
4.并紧帽；5.枪管；6.手柄
图2.11　远射程喷枪

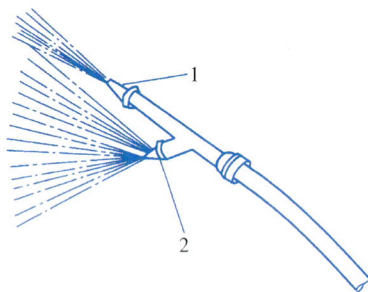

1.锥形腔孔喷嘴；2.狭缝式喷嘴
图2.12　组合式喷枪

（四）工作原理

担架式机动喷雾机的工作过程如图2.13所示。汽油机启动后，通过三角带传动带动三缸活塞泵曲轴旋转，曲轴通过连杆和活塞杆驱动活塞做往返运动。活塞运动时将水吸入泵室，再将水压入空气室。当水连续压入空气室后，空气室内的水不断增多并压缩空气产生高压。高压水流经过截止阀、混药器流到喷枪。水流经过混药器时，母液（较浓的药液）会被吸入混药器与水混合，再送入喷枪雾化喷出。

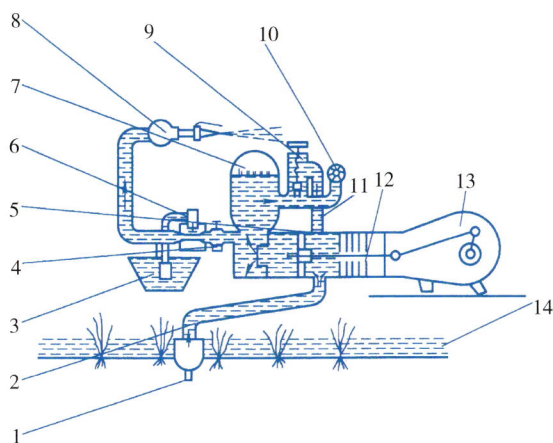

1.吸水滤网；2.吸水管；3.母液；4.截止阀；5.回水阀；6.混药器；7.空气室；
8.喷枪；9.调压阀；10.压力表；11.回水管；12.活塞杆；13.三缸活塞泵；14.水田

图2.13　担架式机动喷雾机的工作过程

喷枪的喷雾压力由调压阀控制。当空气室压力大于调压阀弹簧的压力时，液体就顶起调压阀锥阀，流回到泵室，直到空气室压力减小，阀门关闭，液体停止回流。把调压手柄顺时针旋转时，空气室压力增大，反之压力减小。

（五）优缺点

担架式机动喷雾机具有工作压力高、喷雾幅宽、工作效率高、劳动强度低等特点。在稻田、果园喷雾洒药时，可以用喷枪喷雾，具有喷射雾滴大、射程远的特点；而在棉田喷雾洒药时，具有喷雾雾滴小、射程近的特点。

担架式机动喷雾机必须要有2人或2人以上才能进行作业。

复习思考题

1. 什么是担架式机动喷雾器？
2. 调压阀主要有哪些作用？
3. 担架式机动喷雾机的工作原理？

二、操作技术

（一）一般操作技术

1 母液浓度测算

首先根据防治的病虫对象确定喷药浓度；然后将吸药滤网放入已知药液量的药桶内（乳剂可用清水代替），启动发动机进行试喷；经过一定时间喷射后，称量剩余药液或清水量，算出吸液量或吸水量，两项相加即为喷枪喷液量；最后，根据以上的测算数据，计算出所需的母液浓度。

设测算的喷枪排量为 Y（单位：kg/min），测算的混药器吸液量为 Z（单位：kg/min），确定的喷枪排液浓度为 $1:A$，母液的稀释比为 $1:X$，则母液的稀释比计算公式为

$$X = ZA / Y - 1$$

2 压力调整

发动机启动后即可调整喷雾机工作压力。调整前需先打开出水开关及喷枪开关约三分之一的位置，然后旋转调压手轮，调整到额定工作压力，调整好以后应锁紧螺母（见图 2.14）。

3 喷枪射程的调整

调整喷枪的手柄至适当位置即可做喷洒作业。打开喷枪开关后

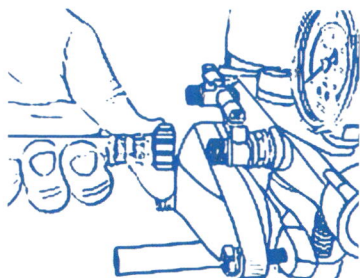

图2.14 压力调整

严禁停留在一处喷洒，以防农作物受药害。喷洒过程中，应左右摇动喷杆，以增强喷幅。操作者一定要站在风向上方。

4 作业完毕处理

将调压螺栓转松，开机用清水清除喷雾机内部残留的药液。作业完毕后，将清水吸进泵内，清洗机器内部与药液接触的零部件，把管内的积水排出，然后把熄火开关置于"OFF"（关闭）位置。

（二）特殊技术指导

（1）将调压阀的高压轮沿逆时针方向调节到较低压力的位置，再把调压手柄按顺时针方向扳到卸压位置。

（2）启动发动机，低速运转10~15min，若见有水喷出，且无异常声响，可逐渐调高至额定转速。然后将调压手柄向逆时针方向扳至加压位置并沿顺时针方向逐步旋紧调压轮、调高压力，使压力指示器指示到要求的压力。

（3）调压时应由低向高调整压力指示器的数值显示，利用调压阀上的调压手柄反复扳动几次即能指示出准确的压力。

（4）田间作业时，使用中的液泵不可脱水运转，以免损坏胶碗，在启动和转移机具时尤其要注意。在田间吸水时应经常清除滤网外的水草。

（5）喷药时喷枪不可直接对着作物喷射，以免损伤。喷洒近处作物时，应按下扩散片，使喷洒均匀；喷洒高大的树木时，操作人员应站在树冠外，向上斜喷，并注意喷洒均匀。当喷枪停止喷射时，必须在降低液压泵后才可关闭截止阀，以免损坏机具。

复习思考题

1.怎样调整喷雾机工作压力？

2.怎样调整喷枪的射程？

3.如何正确使用喷枪？

三、注意事项

（一）阅读说明书

仔细阅读机器说明书，不明之处应到当地销售部门或植保部门咨询。

（二）启动或转移作业地

启动前，先使调压阀处于卸压位置；启动后，待泵的排液量正常时，逐渐加压至所需压力。转移作业地块时一般应将发动机熄火。如果时间短也可不熄火，但须先卸压，关闭截止阀，以保证液泵内不脱水，保护机泵。

（三）喷雾

根据防治要求确定喷射药液稀释浓度，通过查表或测定方法，调整混药器。

对于水稻田或离水源近的果园等，可配用混药器及喷枪就地吸水、自动混药进行喷射；对低矮作物及用药量小的作物，须配用喷头，直接从药液桶吸药；幼苗期用双喷头，枝叶繁茂的作物用四喷头。

（四）故障处理

操作过程中，应注意机器的工作状态，如发现运转不正常，应及时寻找原因，尽快排除故障。

复习思考题

1. 如何正确启动或转移作业地？
2. 如何正确进行喷雾？
3. 操作过程中，机器运转不正常怎么办？

四、维护保养

（一）基本维护保养

1　使用维护

工作前，先将调压阀向"低"方向旋松几转，再将卸压手柄扳至"卸压"位置。启动发动机后，如果三缸活塞泵的排液量正常，则可关闭截止阀，将卸压手柄扳至"加压"位置。然后逐渐旋转调压阀，直至压力达到正常喷雾压力，即可打开截止阀开始喷雾。三缸活塞泵在运转过程中不能脱水，以免损坏胶碗。每次工作结束后，用拉绳缓慢拉动发动机起动轮，排出泵内积液。

2　日常保养

◎空气滤清器保养。汽油机每工作50h，应清除火花塞积炭，将间隙调整到0.75mm。定期清除空气滤清器内的污物。

◎液泵保养。液泵要定期检查油位，油面应保持在油镜三分之二的位置。并要定期更换润滑油，喷雾机在使用之初10h和50h时应更换机油，以后每使用70h应更换一次。如曲轴箱内太脏，应旋开放油螺栓排出脏机油，用汽油、柴油洗净内部，待脏机油排净后将放油螺栓锁紧，打开加油盖，注入新润滑油至油位线处。

◎三角带保养。定期检查三角皮带的松紧程度并加以调整。

◎整机保养。每天作业完成后应在使用压力下，用清水继续喷洒2~5min，清洗液泵和管路内的残留药液，防止药液残留内部腐蚀机件。最后排出液泵的存水，把调压手柄向逆时针方向扳开，拧松调压轮，使调压弹簧处于松弛状态。

3　长期保养

◎三角带保养。长期停放要放松三角皮带，并将整机置于干燥通风处。

◎整机保养。当防治季节工作完毕，机具长期储存时，应彻底排除泵内的积水，防止天寒冻坏机件。应卸下三角皮带、喷枪、喷雾胶管、喷杆、混药器、吸水滤网等，洗净擦干，能悬挂的最好悬挂存放。

（二）常见故障处理

1　吸力不足故障及其解决对策

◎喷雾机吸力不足故障多出现于新购置泵或久置未用泵，这种情况出现的主要原因是泵内存有空气，在喷雾机运转时，泵内空气出现循环，进而导致吸不上药液。此故障的直接表现为喷雾机内有药液，但吸不上。

◎想要解决这一问题，就必须要将泵内空气排出，具体措施是将调压阀调至"高压"状态，然后打开出水开关，以实现对空气循环的切断，并将其排出。

◎为避免喷雾机吸力不足故障的出现，在使用久置未用或新购置泵时，应对其内部循环系统予以检查，以保证泵内没有残留空气影响喷雾机药液的正常喷出，为喷雾机的正常使用提供保障。

2　压力故障及其解决对策

◎喷雾机的压力故障主要表现在压力调不高、出水无冲力。此故障出现的原因主要有两个方面：一是调压阀与阀座基础位置有杂物或磨损，导致接触不严出现缝隙；二是调压阀减压手柄在卸荷位置，导致调压弹簧被顶起，水从加水管中流出。

◎根据喷雾机压力故障表现进行分析，对于调压阀与阀座接触不严的故障，可以通过清除杂物予以处理，对于已经损坏的锥阀与阀座，需及时进行更换。针对加水管出水问题，可以通过调整调压阀减压手柄方向予以解决。通过将减压手柄向逆时针方向扳足，再把调压轮旋紧，实现对喷雾机压力的调高，确保喷雾机正常出水。

◎应定期对喷雾机进行检修，保证其良好的工作状态。

3　喷头、喷嘴雾化不良故障及其解决对策

◎在喷药过程中，喷雾机会经常出现喷头、喷嘴雾化不良的故障，这种故障的直接表现是喷出药物不呈雾状或喷不出药。从喷雾机整个运行原理角度分析，导致喷雾机不喷药故障的原因有很多方面，如喷头被杂质堵塞、管道被杂质堵塞以及设备压力不够等。导致喷雾机喷药不呈雾状的原因则相对单一，即喷头被杂质堵塞或损坏。

◎喷雾机不喷药及喷出药物不呈雾状的故障原因可以通过排查法来处理。首先，要对喷头进行排查，通过换用其他正常设备来测试喷头是否故障。然后对管道进行排查，看其是否存在堵塞情况。若两者都没问题，那么就有可能是设备压力不足的问题。确定问题原因后，对喷头和管道堵塞问题要予以疏通，若损坏则需安装新的喷头，若压力不够则需对阀门进行清理，以保证喷雾机压力的正常供应。

◎为了避免喷雾机出现不喷药问题，日常工作中应在勾兑药物时做好对杂质的去除，避免其进入到喷雾机内部系统当中，造成对喷雾机的堵塞或破坏。阀门位置也应经常检查，及时清除杂质，避免喷雾机因此出现无法正常喷药的情况。

4 液泵故障及其解决对策

◎液泵作为喷雾机中的重要组成部分，具体故障表现有以下两个方面：一是伴随液泵运转会出现有频率的敲击声；二是液泵正常工作时，升温过快、过高。导致液泵出现杂音的原因多半是滚动轴承出现故障，运转温度过高则是润滑油的问题。

◎由于液泵属于喷雾机的关键部位，因此在对其进行故障检查与维修时，应按照说明书来进行操作，以避免不规范操作对喷雾机造成额外的损坏。

◎发现液泵杂音问题时需要对轴承进行查看，若部件仍有价值，可对其进行修补，若没有维修必要，那么要将其进行更换。

◎液泵升温过快时要做好对润滑油的检查，看润滑油是否出现变质情况，对于已经变质润滑油，需要及时更换。在更换时，要保证所更换润滑油型号与液泵规格保持一致。

◎对于轴承故障引起的敲击声问题，要定期对喷雾机进行检修，保证其系统良好的工作状态，避免不利因素对轴承造成破坏，影响其质量下降。对于润滑油引起升温过快问题，应定期对润滑油质量进行检查，以避免再次出现类似问题。

（三）维修信息

□ **生产厂家**：中农丰茂植保机械有限公司
□ **机型名称**：东方红 3WZ-34 担架式机动喷雾机
□ **地址**：北京市怀柔区雁栖经济开发区雁栖北山街 15 号
□ **电话**：010-61669885 13356795898

复习思考题

1. 使用时怎样做好机器维护?

2. 怎样做好整机保养?

3. 吸力不足故障及其解决对策?

ZIZOUSHI PENGAN PENWUJI

第三章　自走式喷杆喷雾机

自走式喷杆喷雾机是一种将喷头装在横向喷杆或竖向喷杆上，以拖拉机为配套动力，自身可以提供驱动力和行走动力，不需要其他动力就能完成工作的植保机械。本章主要介绍3WSH-500型、3WPZ-700型、3WP-500A（JKB18C）型和3WP-600（HV19V）型四种自走式喷杆喷雾机的主要性能，以及自走式喷杆喷雾机的基本结构、工作原理和优缺点。同时，还介绍自走式喷杆喷雾机的主要操作技术、操作注意事项和维护保养信息。

一、结构原理

（一）概念

自走式喷杆喷雾机是一种将喷头装在横向喷杆或竖向喷杆上，以拖拉机为配套动力，自身可以提供驱动力和行走动力，不需要其他动力就能完成自身工作的植保机械。喷杆式喷雾机按照与拖拉机连接方式的不同，可分为悬挂式和牵引式两种。自走式喷杆喷雾机的作业效率高、喷洒质量好、喷液量分布均匀，适合大面积喷洒各种农药、肥料和植物生产调节剂等液态制剂，广泛用于大田作物、草坪、苗圃、墙式葡萄园及特定场合（如机场、道路融雪、公路边除草等）。

（二）型号

自走式喷杆喷雾机分为三轮自走式喷杆喷雾机和四轮自走式喷杆喷雾机两种。三轮自走式喷杆喷雾机分为前驱和后驱两种；四轮自走式喷杆喷雾机分为两驱和四驱两种。

1 3WSH-500自走式喷杆喷雾机

山东永佳动力股份有限公司的3WSH-500自走式喷杆喷雾机（见图3.1），机体外形尺寸为4000mm×2700mm×1800mm，整机净重1280kg，药箱容积为500L，喷洒（雾）工作压力为0.4M~0.6MPa，喷洒幅度为12.2m；轮距为1500mm，轴距为1500mm，配套三缸柴油机，标定功率为22ps/2800r，电启动，配套三缸柱塞泵，转速为400~900r，流量为36~81L/min，工作压力为2.5M~4.0MPa；射流搅拌，四轮驱动，6前进2后退，干式单片离合器，前进速度为1.2~19.2km/h，后退速度为1.4~5.8km/h；配套22个喷头扇形喷头，喷雾角为110°，间隔为500mm；射流泵，吸水量

图3.1　3WSH-500自走式喷杆喷雾机

为 100L/min，吸水压力为 20kgf/cm^2；作业档位高 1 档~低 3 档；作业效率为 80~120 亩/h（1 亩 ≈ 667m^2）。

3WSH-500 自走式喷杆喷雾机药液箱容量大，喷药时间长，作业效率高；喷药机的液泵采用多缸隔膜泵，排量大，工作可靠。喷杆采用单点吊挂平衡机构，平衡效果好；喷杆采用拉杆转盘式折叠机构，喷杆的升降、展开及折叠，可在驾驶室内通过操作液压油缸进行控制，操作方便、省力。可直接利用机具上的喷雾液泵给药液箱加水，加水管路与喷雾机采用快速接头连接，装拆方便、快捷；喷药管路系统具有多级过滤，确保作业过程中不会堵塞喷嘴。药液箱中的药液采用回水射流搅拌，可保证喷雾作业过程中药液浓度均匀一致，药液箱、防滴喷头采用优质工程塑料制造。

2 3WPZ-700自走式喷杆喷雾机

雷沃重工股份有限公司的 3WPZ-700 自走式喷杆喷雾机（见图 3.2），机体外形尺寸为 4150mm×1730mm×2360mm，整机净重 1430kg，药箱容积为 700L，喷雾工作压力为 0.2M~0.5MPa，

图3.2　3WPZ-700自走式喷杆喷雾机

喷洒幅度为10.0m；配套动力为38kW，2400r/min，液泵流量为45L/min，射流搅拌，20个扇形喷头，作业效率为54~200亩/h。

3WPZ-700自走式喷杆喷雾机采用液压控制喷杆折叠、升降，结构可靠、性能稳定；四轮转向与两轮转向快速切换，高效便捷，压苗少；配备矫正系统，可实现5min调直。可升降撒肥器，加肥方便，撒肥均匀。独特挂挡装置，便于操作。装载机车架和液压系统，抗破坏力强，经久耐用。进口喷嘴，雾化均匀，减少农药使用量，降低农药残留，采用三喷头体的喷头，同时配有三种不同喷嘴，可以适应多种农艺喷洒要求。进口隔膜泵，流量稳定，寿命长。

3 3WP-500A（JKB18C）自走式喷杆喷雾机

山东同洲机械制造有限公司的3WP-500A（JKB18C）自走式喷杆喷雾机（见图3.3），机体尺寸为3980mm×1770mm×2425mm，最低离地高度为850mm，机体质量为910kg，发动机为E3112-J03立式水冷4冲程3缸柴油发动机，21L大容量燃油箱，

图3.3　3WP-500A（JKB18C）自走式喷杆喷雾机

最大喷洒幅宽为11.5m，最大作业效率为30~50亩/h，搭载500L大容量水箱，约5min即可注满。

　　3WP-500A（JKB18C）自走式喷杆喷雾机采用四轮转向，前轮与后轮行走的轨迹相同，对农作物的踩踏少。还配备标准分禾杆，即使在农作物生长时作业，也不必担心踩踏农作物，在操作席就可以确认前轮的轨迹，可安心作业。电动操作伸出臂的上下、展开闭合操作全部采用电动式，可轻松操作，只要按小型的操作按钮，即可操作伸出臂，喷洒作业中可安全、简单地进行微调。

4　3WP-600（HV19V）自走式喷杆喷雾机

　　洋马农机（中国）有限公司的3WP-600（HV19V）自走式喷杆喷雾机（见图3.4），机体尺寸为4080mm×2020mm×2800mm，整机净重1224kg，发动机为3TNV70-DURVY立式水冷4冲程3缸柴油发动机，标定功率为13.8kW，最大喷洒幅宽为11.9m，最大

图3.4　3WP-600（HV19V）自走式喷杆喷雾机

作业效率为63亩/h，搭载大容量600L水箱。配套泵型式SP745S3（3缸柱塞泵），工作压力为0.5M~3.0MPa，流量为60L/min。

　　3WP-600（HV19V）自走式喷杆喷雾机配备三缸水冷直喷式柴油机；挡位式变速箱，喷药与车速同调，喷药撒布均匀；四轮四驱、四轮转向，轮距为1500mm；车轮宽120mm/95mm，适应行距30cm/25cm秧田的撒药作业要求；底盘离地间隙为1015mm，满足作物不同成长期喷药作业。喷嘴采用不甩尾陶瓷喷头；给水装置为自吸式给水泵，可直接对自然水体给水使用。

（三）基本结构

　　自走式喷杆喷雾机主要由行走系统、液压转向系统和喷洒系统三部分组成，现以山东永佳动力股份有限公司的3WSH-500自走式喷杆喷雾机为例进行介绍。

1 行走系统

发动机通过皮带带动变速箱工作，变速箱将动力传递到前、后车桥，实现四轮驱动，通过行走轮行走，如图 3.5 所示。

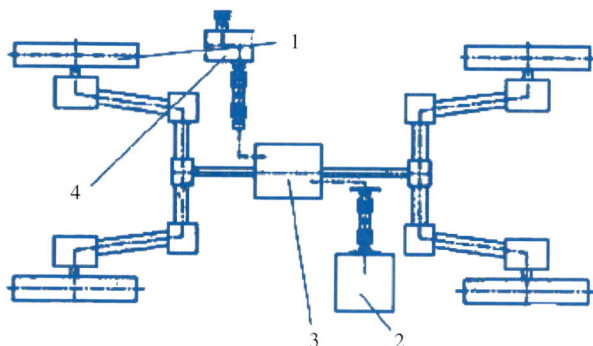

1.行走轮；2.发动机；3.变速箱；4.分动箱

图3.5　行走系统

2 液压转向系统

发动机带动齿轮泵工作，液压油从液压油箱经滤网吸入齿轮泵，齿轮泵将液压油经转向器、电磁阀输送到转向油缸，实现二轮或四轮转向。同时，调节前轮和后轮方向一致，还可进行侧方向的移动，如图 3.6 所示。

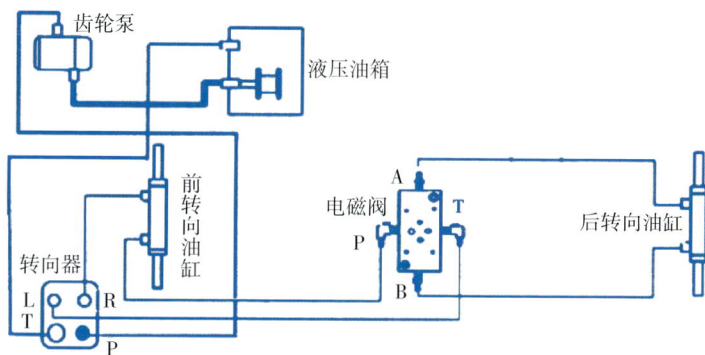

图3.6　液压转身系统

3 喷洒系统

发动机通过万向传动轴带动分动箱，分动箱输出动力通过万向传动轴带动液泵工作。先向药箱内加入约15L的水作为引水，液泵工作时将水经过滤器吸入液泵内，转变为高压水，经分配阀调压（1.5M~2.0MPa），一部分水通过连接管进入射流泵，射流泵工作将水源处的水吸入药箱，完成加水。同时，将搅拌球阀打开，对另一部分水进行液力搅拌。田间作业时，液泵工作，将药液从药箱经过滤器吸入液泵内，经分配阀调压（0.4M~0.6MPa），一部分药液经球阀进入中间喷杆和左右侧喷杆输液管，由喷头雾化后喷出，剩余部分回流到药箱，如图3.7所示。

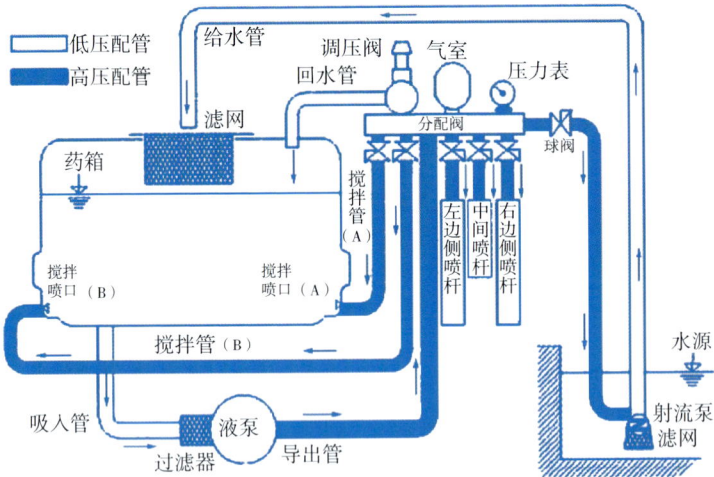

图3.7　喷洒系统

（四）工作原理

自走式喷杆喷雾机工作时，发动机通过传输带带动液泵转动，液泵从药箱吸取药液，经分配阀输送给搅拌装置和各路喷杆上的喷头，药液通过喷头形成雾状后喷出。调压阀用于控制喷杆喷头的工作压力，压力高时，药液通过旁通管路返回药箱（见图3.8）。

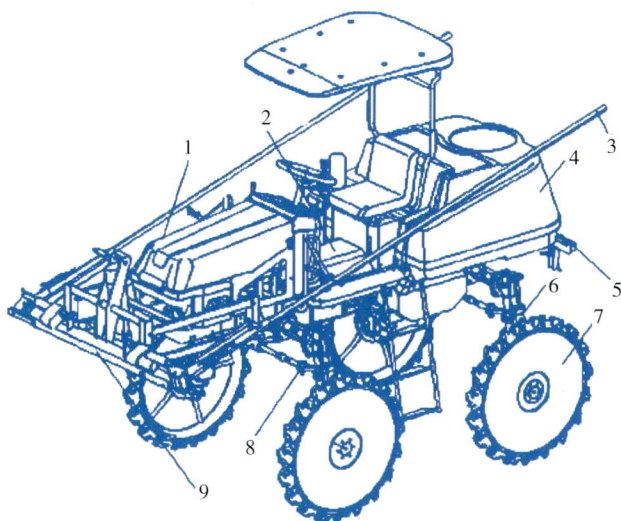

1.发动机；2.变速箱；3.喷杆；4.药箱；5.液泵；6.后桥；7.车轮；8.前桥；9.升降架

图3.8　自走式喷杆喷雾机

（五）优缺点

自走式喷杆喷雾机可配置多个喷头，喷幅宽、药液箱容量大、喷药时间长、药液浓度一致、喷雾均匀、作业效率高、劳动强度小。适用于大面积单一作物，如大田种植的马铃薯、玉米、小麦、大豆及果园的病虫草害防治，也可用于喷洒液体叶面肥料等。具体作业时可按照预先设定施药量，进入电脑智能控制状态，作业过程中无须人工控制喷洒流量和压力就可实现每亩施药量恒定；能精准计算速度及定位，精准按照导航线路作业、防止重喷、漏喷。自走式喷杆式喷雾机的精准性优于航空喷雾，其高效、均匀的优势是人工手动喷雾和小型动力喷雾无法比拟的。喷杆式喷雾机的喷幅可从几米到几十米，容量可以从几十升到几千升，相差较大，但其工作部件的原理大致相同，适合专业化预防组织以及规模化农场农作物病虫害防治。

自走式喷杆喷雾机设计的重心比较高，在水箱内加入药液之后，其流动性较强，从而导致重心不稳，如果地面坡度较大，或者是在高地埂时，很容易发生倾覆。建议在下坡的时候，要平行坡度行驶，切忌斜向行驶。

自走式喷杆喷雾机存在喷杆结构刚度小、减振方式单一、减振效果差、喷杆末端晃动大等缺点，影响喷雾效果和行驶平稳性。建议在不平整地块降低行驶速度。

复习思考题

1.什么是概念自走式喷杆喷雾机？
2.阐述自走式喷杆喷雾机的工作原理？
3.自走式喷杆喷雾机有哪些优缺点？

二、操作技术

（一）作业前调试

经过滤网向药箱内注入清水，清洗药箱。确认无杂物后加入足量清水。进行试喷，校准喷雾机，稳定发动机转速和喷雾压力，以确保喷头雾化良好和保证均匀的喷洒。然后，将操纵系统上的换向调压阀扳至回水位置。结合传动轴至额定转速，此时应观察药箱内的回水状况和搅拌器工作情况。

根据病虫草和作物种类，确定使用农药的品种、每亩所施的药量和稀释浓度。严格测算所要喷洒的农药量以及拖拉机的行进速度。

将手柄扳至喷雾位置。顺时针旋转调压手柄，观察喷雾情况和压力表，一般工作压力应在 0.3M~0.5MPa。此时，取 1 个喷头 1min 的喷量 P，可用称重法确定（1L=1kg），再乘以喷头数 N 便是全喷幅每分钟的实际喷量 G，即 $G=P \times N$。此时的压力指数及喷量是一重要数据，机组行走速度 V 可参考下面公式来测算。

$$V=40 \times G \div (B \times Q)$$

式中，V 为机组前进速度（km/h）；40 为常量；G 为喷雾机各个喷头喷药量的总和（L/min）；Q 为每亩的施药量（L/ 亩），由农艺要求确定；B 为喷雾机的喷幅（m）。

以 6m 宽的喷雾机为例。如每亩的施药量为 20L，每个喷头每分钟的喷药量为 1.17L，6m 宽的喷雾机共有 12 个喷头，则得出机组行进速度为 4.7km/h。

（二）使用方法

工作时，先启动拖拉机，将液泵上的调压阀手轮旋紧。再调节分配阀的开度，分配阀用来控制喷杆上的喷头是否喷雾。当阀门手柄与阀门体的轴向平行时，为全开；垂直时为关闭。要进行水平工作状态时，分配阀应全开，踩下离合器，将拖拉机后输出轴的控制手柄扳到运转的位置。这样后输出轴便带动液泵开始工作。然后，调节管路控制器回流阀的开度（不喷雾的情况下，回流阀为全开），慢慢关闭回流阀，使压力表读数稳定在 0.3M~0.5MPa，此时，喷雾机喷嘴开始喷雾。相反地，停止喷雾机工作时，首先要完全打开回流阀，使动力喷雾机喷雾停止。分离拖拉机后输出轴动力，将拖拉机后输出轴的控制手柄扳到"停"的位置。关闭喷枪或喷杆分配阀的阀门，旋松液泵上调压阀的调压手轮。最后，停车熄火。

悬挂式喷杆喷雾机在运输时，喷杆应处于折叠状态。当进入工作场地后，即可将喷杆放平，并用 M14 螺母加以固定。喷雾时，喷头离地或作物高度为 30~40cm。如果地面不平，喷头离地或作物高度不能超过 50cm，否则会影响喷雾效果。通过拖拉机升降装置操纵手柄来抬高或降低喷雾机。喷杆处于水平作业时，一般采用梭形走法，保证相邻喷雾工作幅的相接，避免出现重复喷药或漏喷。

喷雾机喷雾作业时要确定好前进速度和喷雾压力，作业过程中不可以随意改变。作业时应避让各种障碍物，防止撞坏喷杆。一旦碰到障碍物，喷杆可以自我保护。遇到小的碰撞时，喷杆通常可以自己复位，但如果碰撞得比较厉害，则需要人为将喷杆放回原位，将喷杆稍稍抬起就可以移动喷杆。

悬挂式喷杆喷雾机喷杆作业的另一种喷雾方式是竖立工作状态，如给果树喷洒叶面肥时，将左右喷杆折叠成竖立状态，用M10×60螺栓插入定位孔加以定位紧固。应注意手指不要伸入喷杆折叠处，避免发生意外伤害事故。然后，关闭中间喷杆的分配阀使压力分配到两边的喷杆。这样就可以对两边的作物进行喷洒。采用喷枪作业时，将喷枪用胶管与管路控制器上的接口连接紧固。打开喷枪控制阀，关闭分配阀，调整工作压力，同时查看并调节喷枪雾形是否达到理想的工作状态，调整好后便可以开始喷洒作业。

（三）田间作业

一切准备工作就绪后，就可以按照农药的使用说明来配药。先加药后添水。添加的药液和水必须干净，避免堵塞喷头造成故障。然后，将药箱盖盖紧。启动拖拉机，结合动力输出轴，将回流阀置于全开的位置，使药液完全回流到药箱内，搅拌 5~10min 后再开始喷雾作业。

药液搅拌均匀后，分离动力输出轴，将机组驶入作业地点，确定作业路线时应观察有无障碍物，如树木、电线杆、沟坎等，停在第一作业行程的起点处。将喷杆桁架展开至作业状态，下降到作业高度。确定作业速度，选好行进挡位后，结合动力输出轴驱动输液泵运转，机具进行喷雾作业。

由上一行程转入下一行程作业时，驾驶员应注意对准交接行，以防止药液漏喷或重喷；当药液箱内的药液接近喷完时，驾驶员应及时分离动力输出轴，并将机具转为运输状态，然后将机具驶入加水处，重新加水、配药，以便继续作业。

复习思考题

1. 怎样做好自走式喷杆喷雾机的作业前调试？
2. 如何正确使用自走式喷杆喷雾机？
3. 如何进行自走式喷杆喷雾机的田间作业？

三、注意事项

（一）阅读说明书

仔细阅读机器说明书，不明之处应到当地销售部门或植保部门咨询。

（二）安全驾驶

驾驶操作人员必须参加农机、生产等有关部门的技术培训，经农机监理机构考试合格取得拖拉机驾驶证后方可驾驶、操作拖拉机。

拖拉机必须经农机监理机构检验合格，领取号牌和行驶证后方可使用。使用过的拖拉机必须全面检修保养，技术状况良好，且经农机监理机构年度安全技术检验合格后方可投入作业。

机组起步、转弯、倒退时，应鸣喇叭或发出信号，提醒有关作业人员注意安全。并观察喷雾机周围是否有人，必要时应有联络人员协助指挥；机组起步、转弯、倒退时应缓慢行驶。

（三）谨慎喷药

作业人员必须了解农药的毒性、应用范围、使用方法、残效期以及中毒的症状、急救方法和措施等。

作业人员必须穿戴防护用具，如长衣、长裤、口罩、手套、帽子和风镜等；作业中严禁进食、喝水、吸烟等；当风力过大时，不要喷药，以免造成药物中毒；作业后用肥皂水洗脸并用清水漱口。

（四）按章作业

加药时一定要经过滤网，防止杂质进入药箱堵塞管路、喷头等。

作业过程中要严格按照启动、加压、停车、卸压、关闭阀门的顺序进行。作业前先启动药液泵，然后打开送药开关进行喷雾；停车时应先关闭送药开关，然后切断动力以减少药液滴漏。

工作时喷雾压力不得超过 0.5MPa，同时不得将液泵调压阀和管路控制器上的回流阀完全关闭，以免压力过高造成喷雾量过大或损坏机具，甚至导致胶管爆裂。作业中发现机器运转不正常或其他故障时，应立即停机检查，待故障排除后方可继续工作。

作业时驾驶员要随时观察喷雾质量和喷雾压力的变化，保持机组匀速的前进速度和稳定的喷雾压力，如喷雾质量和压力不稳定，应及时检查排除；应控制好机组行走方向，不使喷幅与上一行重叠和漏喷，注意观察喷杆有否碰撞障碍物等。

作业时驾驶员应随时注意喷头工作情况，发现喷头堵塞或泄漏情况，应停止喷雾，检查清洗喷嘴和滤网，重新装配并调整后方可继续工作。同时，观察药液箱内药液情况，如药液箱用空，则会造成液泵脱水运转。

（五）安全用药

发现对作物有药害时，应立即停止喷药。禁止使用强酸、强碱等特殊工作液。处理农药时，应当遵守农药生产商所提供的安全操作方法与安全指标，防止人体及作物中毒。

作业结束后，应及时清净药箱和药管中残留药液，用清水清洗后擦干并修复或更换损坏件。离开工作场地后，一定要提升药箱，将喷杆折叠好，放入喷杆架内，以防止运输时的颠簸将喷杆损坏。

严禁在道路和放牧区放置或添加农药，洒落在地上的农药要掩埋好，喷药区两侧禁止放牧。果园、菜地喷药后要设标记，7天内不得收摘，防止食物中毒。

复习思考题

1. 如何安全驾驶自走式喷杆喷雾机？
2. 如何做好谨慎喷药？
3. 如何做好安全用药？

四、维护保养

（一）基本维护保养

1　日常保养

每天作业完后，清洗机器外表污物，检查喷雾机的各个部件，将松动的部件紧固，确保各连接部分连接可靠。及时更换损坏的部件以及将泄漏的管路部位及时维修好。按照说明书上的要求，向需要润滑的部位注入润滑油。更换液压油和液压油过滤器。

每次喷药结束，将药箱下面的排水阀调到排水位置后打开，以便箱内药液全部排出，注意残留药液的处理。药液排出后往药箱内注入 50L 干净的水进行喷雾，并将喷杆、调压阀、喷嘴等清洗干净。为了保证排水作业，调压阀的各球阀及泵阀敞开，应在低速的位置空回转 1min。管路系统残留的药液应充分清洗干净，确认各滤网是否有损伤，防止下一次使用时出现不便。

喷头过滤网、调压分配阀和过滤器应 1~3 个班次清洗一次。

喷施过除锈剂的喷雾机，如用来喷施杀病虫剂时，必须用碱水彻底清洗；喷施过有机磷农药的喷雾机，内部要用浓肥皂水溶液清洗；喷施过有机氯农药的喷雾机，要用醋酸代替肥皂清洗，最后用液泵吸肥皂水清洗喷杆和喷头。

在每次加药时，溅落在喷雾机外表面上的农药应立即清除，喷雾机外表要用肥皂水或中性洗涤剂彻底清洗，并用水冲洗，喷雾机外表坚实的药液沉积物可用硬毛刷刷洗。

2 定期保养

定期检查并更换损坏部件及老化的垫圈，维修管路的泄露部位，以免渗漏药液或漏药粉。仔细冲洗液压系统，按照说明书保养和维护要求，更换液压油和液压油过滤器。

3 长期存放

当防治季节工作完毕，机具停放时，各部件应用热水、肥皂水或碱水清洗，再用清水清洗干净，可能存水的部位应将水放净、晾干后存放。喷雾机晾干后，将金属部件表面涂上薄薄的一层防锈油，并在没有完全缩回的液压油缸的活塞杆上涂抹黄油，但要避免将防锈油涂抹到轮胎、胶管及其他橡胶零部件表面上。

长期存放前应卸下喷头、胶管等，集中存放在干燥、阴凉、通风处，避免折压损坏，用无孔的喷头片装入喷头中，以防脏物进入管路。并注意不要与化肥、农药等放在一起，以免腐蚀。橡胶制品、塑料件不可放置在高温和太阳直射的地方。冬季存放时，应使它们保持自然状态，不可过于弯曲或受压。

金属材料部分不要与有腐蚀性的肥料、农药存放在一起。将喷雾机存放在阴凉、干燥、通风的机库内，防止塑料药液箱受到日晒。喷杆及喷头以安全的状态竖立放置，管线及喷头部位要防止灰尘等异物的进入，管线要防止阳光照射，妥善保管。应避免有腐蚀性的化学物品靠近机具，并且机具要远离火源。

（二）常见故障处理

1 喷头喷雾不均匀或不喷雾

检查喷头和喷孔。如果是喷头滤网和喷孔堵塞，则可在清水中用软毛刷子刷洗喷头，清除杂物或更换滤网，或更换喷头。

2 防滴阀漏水或在喷雾时不滴水

检查防滴阀，若是防滴阀内的橡胶隔膜压紧度不够，则可旋动防滴阀的压紧螺帽，调整防滴阀内橡胶隔膜的压紧程度，直至防滴阀能够防滴为止。

3 喷雾液泵的流量不足或压力过小

◎检查液泵，有可能是发动机转速过低，或调压阀、压力传感器进口堵塞或损坏，或药液箱出水过滤器堵塞，或调压阀的阀芯卡死。

◎根据检查结果将发动机转速达到要求转速，或清洗或更换调压阀或压力传感器。

◎检查压力表或传感器进口是否堵塞，或清洗药液箱出水过滤器的滤网，或更换调压阀阀芯上的 O 形密封圈，并在 O 形密封圈上涂抹适量润滑油。

4 喷雾液泵的压力过高，但喷头的喷量不足

◎检查液泵，有可能是液泵的出水过滤器堵塞，或喷头滤网堵塞。

◎根据检查结果，清洗液泵的出水过滤器滤网，或清洗或更换喷头滤网。

5 液压油过热（超过80℃）

◎检查油箱，有可能是液压油箱油位低，或冲洗阀冲洗流量低，或液压油冷却器堵塞。

◎根据检查结果，补充液压油，或调节冲洗阀冲洗流量，或清洗液压油冷却器。

6 液压系统有噪声

◎液压系统，有可能是吸油管路松动，系统中有空气，或油液过黏或油温过低，或油泵进油管路堵塞。

◎根据检查结果，更换密封圈，拧紧吸收管路接头，或更换机具要求的液压油，或清洗油泵进油管路接头，保证管路通畅。

（三）疑难故障处理

1 前驱动输入轴总成

在一定程度行驶负载下，前驱动输入轴总成打齿、断齿现象。检修并更换齿轮。

2 电器接触故障

电路与电器部件的日常氧化、腐锈蚀及老化等接触问题造成的启动方面或不易排查的难题。用仪器检查相关电器触点及老化情况，更换相应电器和修复触点。

（四）维修信息

□ 生产厂家：山东永佳动力股份有限公司
□ 机型名称：3WSH-500自走式喷杆喷雾机
□ 地址：山东省临沂市经济技术开发区昆明路南段
□ 电话：0539-8531858　13953957215

复习思考题

1. 如何做好自走式喷杆喷雾机的日常保养?
2. 如何定期保养自走式喷杆喷雾机?
3. 防滴阀漏水或在喷雾时不滴水怎么办?

第四章 遥控自走式喷杆喷雾机

　　遥控自走式喷杆喷雾机结合了自走式喷杆喷雾机喷液量大、喷雾质量好的特点，同时又结合了遥控飞行喷雾机作业效率高、遥控操作的特点，很受农民欢迎。本章主要介绍3WYP-120型、3WYP-300型、3WPZ-500型和3WZL-300型四种遥控自走式喷杆喷雾机的主要性能，以及遥控自走式喷杆喷雾机的基本结构、工作原理和优缺点。同时，还介绍遥控自走式喷杆喷雾机的主要操作技术、操作注意事项和维护保养信息。

一、结构原理

（一）概念

遥控自走式喷杆喷雾机结合了自走式喷杆喷雾机喷液量大、喷雾质量好的特点，同时又结合了遥控飞行喷雾机作业效率高、遥控操作的特点，很受农民欢迎。

（二）型号

1 **3WYP-120遥控自走式喷杆喷雾机**

合肥多加农业科技有限公司的3WYP-120遥控自走式喷杆喷雾机（见图4.1），机体外形尺寸为3080mm×1820mm×2040mm，该机空载质量为200kg，药箱容量为120L；电机三轮驱动，电机功率为1000W，车轮在水稻田为900mm×30mm，旱地为600mm×20mm，行走速度为2.5~15.0km/h，轮距为1.8~2.2m（可调），作业幅宽10.9m（可定制5~15m），最低离地高度为1.27m，作业伤苗率小，工作效率约为60亩/h。续航时间为

图4.1　3WYP-120遥控自走式喷杆喷雾机

2~5h，遥控操作距离为 1000m。

3WYP-120 遥控自走式喷杆喷雾机机械结构轻巧，轻易不会压苗或害苗；与同等效率的飞机或常规地面机械相比，维护简单，成本低；喷洒均匀，防治效果好；省药省水，减少农药残留和环境污染；正常作业效率为 0.5~1.5 亩/min；每亩用药量 1~15L（可调）；可喷施除草剂、杀虫剂、杀菌剂和水溻肥，也可撒施肥料；适用于稻田、麦田、大面积的蔬菜种植区、花卉种植区、玉米水果种植区等的病虫害防治和施肥作业，以及广场、码头、操场等宽阔地带的消毒工作。

2 3WYP-300 遥控自走式喷杆喷雾机

合肥多加农业科技有限公司的 3WYP-300 遥控自走式喷杆喷雾机（见图 4.2），机体外形尺寸工作状态时为 4300mm×11500mm×2800mm，运输状态为 4300mm×2500mm×2800mm；设计采用 4 个 90L 容量的药箱，扇形喷头，喷杆作业（整机作业）常用工作压力为 0.2M~0.5MPa；喷杆长度为 11.5m，喷幅

图4.2 3WYP-300喷杆喷雾机

为 12.7m；配 24 个扇形配套喷头，配套喷头雾锥角为 110°，间隔 500mm；配套动力为双缸风冷四冲程汽油机，四轮四驱，前轮转向，控制系统遥控距离大于等于 1000m。

该机与 3WYP-120 相比，驱动方式有所变化，药箱容量更大。

3 3WPZ-500遥控自走式喷杆喷雾机

南通市广益机电有限责任公司的 3WPZ-500 遥控自走式喷杆喷雾机（见图 4.3），机体外形尺寸为 3200mm×1760mm×2130mm，整机净重 1380kg，药箱容量为 500L；喷杆作业（整机作业）常用工作压力为 0.2M~0.6MPa，采用扇形喷嘴，喷药量为 300~2800L/h，喷洒幅度为 12m；使用美国科勒原装双缸汽油发动机时，功率为 28.3kW，3600r/min，使用常柴国三柴油发动机时，功率为 28.5kW，2600r/min；液压式喷杆升降、折叠机构，行走系统采用双缸风冷四冲程汽油机，喷雾系统采用单缸风冷四冲程汽油机，四轮驱动，四轮转向，遥控操作距离为 150m。

3WPZ-500 遥控自走式喷杆式喷雾机采用电动四轮驱动，差速转向，无传动机构，降低了机械故障，转弯半径小，通过能力强；

图4.3　3WPZ-500遥控自走式喷杆喷雾机

采用油电混合技术，保证了机器的续航能力，油耗低；发动机性能稳定，故障率低；采用意大利进口隔膜泵，密封性好，经久耐用；采用意大利进口雾化喷嘴，配有防滴漏装置，雾化均匀，效果好；喷杆液压折叠，收放简单，高度可液压调整；随机自带吸水装置；可加装撒肥机；适用于大面积水、旱田的专业化统防统治。

4　3WZL-300遥控自走式喷杆式喷雾机

　　苏州博田自动化技术有限公司的3WZL-300遥控自走式喷杆式喷雾机（见图4.4），机体外形尺寸为2300mm×1550mm×1700mm，药箱容积为300L；发动机功率为3.6kW，爬坡能力小于等于25°，左右履带倾斜度小于等于20°，行走速度为0.5~6.1km/h，后退速度为0.7~3.1km/h，液泵工作压力为2.0M~3.5MPa，液泵流量为28~34L/min，射程大于2m，喷杆长度为3.2m，喷幅为4.2km，喷雾均匀度大于85%，作业效率为10~15亩/h，遥控距离为100m。

　　3WZL-300遥控自走式喷杆式喷雾机底盘行走机构采用履带设

图4.4　3WZL-300喷杆式喷雾机

计，具有良好的行走性能和大负载能力。喷雾部件和控制系统采用模块化设计，喷杆具有升降和旋转功能，喷杆为分段式结构，各段间单独控制，方便清洗和排水，可以适用于不同农艺和种植模式，喷杆可根据需要选择，变化范围广泛。一机多用，拆掉药箱就可以当田间搬运机使用，做到植保期施药，收获期搬运双重作用。

（三）基本结构

遥控自走式喷杆喷雾机适用于稻田、麦田、大面积的蔬菜、花卉种植区等的病虫害防治。现以3WYP-120遥控自走式喷杆喷雾机为例进行介绍。如图4.5所示，遥控自走式喷杆喷雾机由驱动电机、转向电机、喷雾机构、药箱、控制系统、前轮、后轮、车架等组成。遥控自走式喷杆喷雾机由遥控器操作，行走系统由电机驱动，喷洒系统与自走式喷杆喷雾机类似。

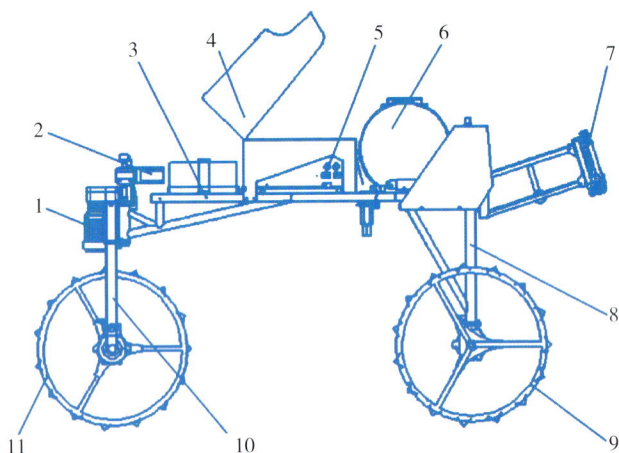

1.驱动电机；2.转向电机；3.车架；4.机壳；5.控制系统；6.药箱/撒肥箱；
7.喷雾机构；8.后桥；9.后轮；10.前轮；11.前轮
图4.5 遥控自走式喷杆喷雾机结构

1 驱动电机

整机为三轮三驱动行走形式，驱动部分包含驱动电机、驱动轴、传动箱、车轮；由电机产生驱动力，通过驱动轴传递给传动箱，传动箱为齿轮结构，以电机驱动力减速增扭的方式控制车轮行走；电机可控制整机行走的速度，通过遥控器摇杆的油门大小控制行走速度在 0~9km/h 无级变速，有前进、后退及刹车等功能，传动部分采用齿轮、轴传动，增加了传动的可靠性；由于整机比较轻便，车轮采用宽度 2cm 的胶轮，只有 0.3% 的压苗率；三个驱动电机独立控制，通过电控算法使三轮行走速度相匹配（见图 4.6）。

2 转向电机

整机为三轮驱动前轮转向结构，转向部分由转向电机、方向柱、转向轮总成三部分组成；转向电机为步进电机减速器组合，与方向柱花键连接，减小配合间隙及增加传动强度，将驱动力通过方向柱传递给前轮总成，摇臂形式前轮执行转向；可通过步进电机的正反转向控制车头的摆动方向，转向平稳，同时当转向受阻时步进电机丢步，不会对传动造成损坏影响，通过编码器识别转弯角度，转弯角度分别限制为 ±45°（见图 4.7）。

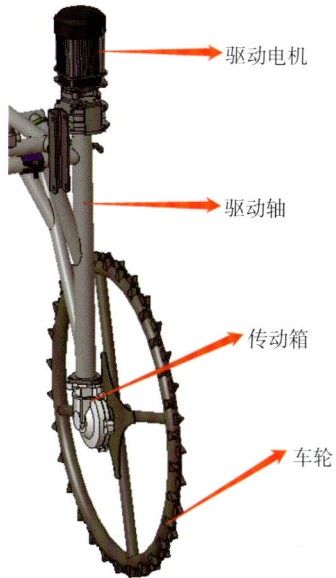

图4.6　3WYP-120遥控自走式喷杆喷雾机驱动机构

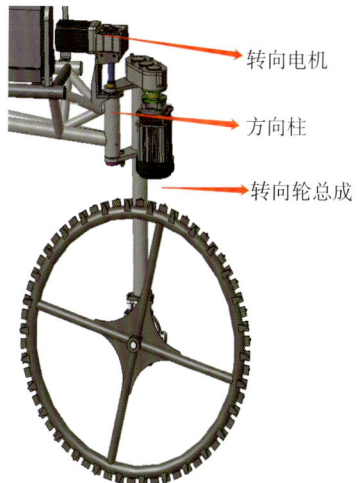

图4.7　3WYP-120遥控自走式喷杆喷雾机转向机构

3 喷雾机构

喷雾结构由 120L 药箱、三个隔膜泵、三个限压阀、三个压力表、进水过滤器、出水过滤器、喷杆总成以及承压管接头等组成；加药时通过加水口快接，打开球阀加水，进水过滤器过滤，进入药箱后三个隔膜泵分别从药箱吸水供给三段喷杆，有限压阀限定泵的出水压力为 0.2M~0.5MPa，三个压力表分别显示三段水路的压力；三段水路可单独控制喷雾压力；喷杆采用三段不锈钢喷杆，结构轻巧防腐蚀，喷幅为 8.3m（见图 4.8）。

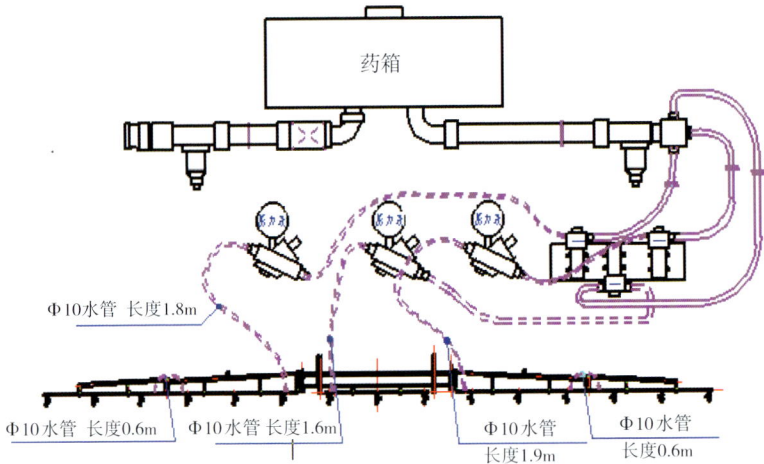

药箱

Φ10水管 长度1.8m

Φ10水管 长度0.6m   Φ10水管 长度1.6m   Φ10水管   Φ10水管
                                    长度1.9m   长度0.6m

图4.8 3WYP－120遥控自走式喷杆喷雾机喷雾机构

4 药箱

采用 120L 容量带刻度药箱，加药口配有过滤网作为加水一级过滤，药箱盖装有密封胶垫，防止渗漏，水箱盖具有通气孔，平衡水箱内外压力；水箱底部带有集液槽，并在集液槽开孔两个（见图 4.9）。

药箱口

集液槽

图4.9 3WYP－120遥控自走式喷杆喷雾机药箱

5 控 制 系 统

控制系统的电路连接如图4.10所示，其中，M1是前轮电机，M2是左后轮电机，M3是右后轮电机，M4是转向电机，M5是下肥电机，M6是施肥电机，M7是左水泵，M8是右水泵。遥控自走式喷杆喷雾机遥控器操控面板各按钮名称及功能见图4.11。

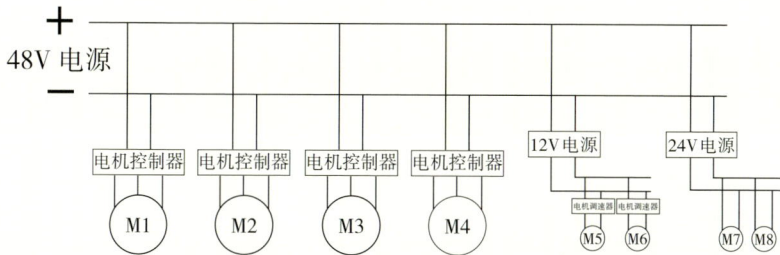

图4.10 3WYP－120遥控自走式喷杆喷雾机控制电路

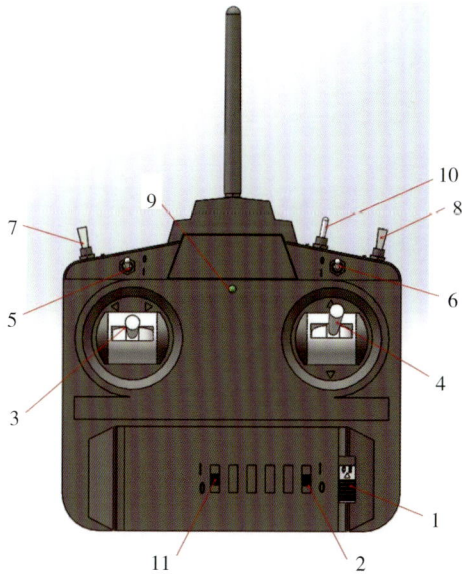

1.电源开关；2.电锁开关；3.转向摇杆；4.油门摇杆；5.左喷雾；6.右喷雾；
7.倒车开关；8.下肥开关（附加功能）；9.指示灯；10.模式控制；11.模式切换

图4.11 遥控自走式喷杆喷雾机遥控器操控面板各按钮名称及功能

6　前轮、后轮

整机三轮结构，后两轮可通过紧固螺栓，抽拉调节轮距为1.7~2.1m，适合不同行距的作物，减少压苗率；前后轮轴距2m；车轮为直径60cm或90cm的胶轮，宽度为2~4cm，压苗少（见图4.12）。

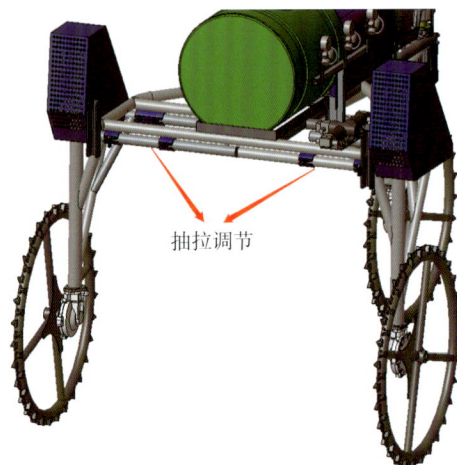

抽拉调节

图4.12　遥控自走式喷杆喷雾机车轮结构

7　车架

整机车架为三角形结构，两侧对称平衡，车架材质为合金管材，增加车架的强度同时减轻了车架的质量，结构简单轻巧（见图4.13）。

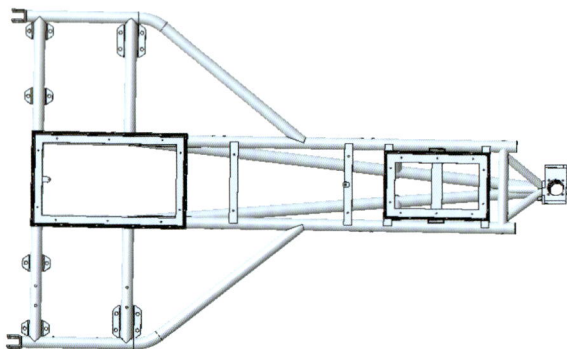

图4.13　遥控自走式喷杆喷雾机车架结构

（四）工作原理

遥控自走式喷杆喷雾机工作时，通过遥控启动电机，电机动力通过传输带动液泵转动，液泵从药箱吸取药液，经分配阀输送给搅拌装置和各路喷杆上的喷头，药液通过喷头形成雾状后喷出。

（五）优缺点

遥控自走式喷杆喷雾机的主要优势是可以远程控制，减轻了机械的负重，同时使操作人员远离了农药的毒害。同时，喷雾机采用高精量喷头，雾化好，雾滴小，喷洒均匀，省水省药。同等剂量的药水，每亩地节约用药量15%~20%，降低了用药成本，更有效地减少了农药残留；窄轮设计（2~4cm），与常规地面植保机相比，不易伤苗。机身轻巧，动力强劲，可轻松越过田埂。水、旱两用，可喷施除草剂、杀虫剂、杀菌剂和水溶肥，也可施肥。

遥控自走式喷杆喷雾机同样存在自走式喷杆喷雾机的两个缺点，同时受遥控距离限制，容易造成遥控距离过大而引起遥控失灵失控，出现安全隐患。建议操作者严格按照使用说明书操作，及时保持控制遥控器与喷雾机之间的有效距离，保障安全生产。

复习思考题

1.什么是遥控自走式喷杆喷雾机？

2.什么是自走式喷杆喷雾机的转向电机？

3.自走式喷杆喷雾机的工作原理？

二、操作技术

（一）一般操作技术

1 作业前调试

经过滤网向药箱内注入清水清洗，确认无杂物后加入足量清水。进行试喷和校准喷雾机，稳定发动机转速和喷雾压力，以确保喷头雾化良好和保证均匀的喷洒。然后，将操纵系统上的换向调压阀扳至回水位置。结合传动轴至额定转速，此时应观察药箱内回水状况和搅拌器工作情况。

根据病虫草和作物种类，确定使用农药的品种、每亩所施的药量和稀释浓度。严格测算所要喷洒的农药量以及拖拉机的行进速度。

将手柄扳全喷雾位置。顺时针旋转调压手柄，观察喷雾情况和压力表，一般工作压力应在 0.3M~0.5MPa。此时接取 1 个喷头 1min 的喷量为 P，可用称重法确定（1L=1kg），乘以喷头数 N 便是全喷幅每分钟的实际喷量 G，即 $G=P×N$。此时的压力指数及喷量是一重要数据，机组行走速度 V 可参考下面公式测算。

$$V = 40G ÷ (B × Q)$$

式中，V 为机组前进速度（km/h）；40 为常量；G 为喷雾机各个喷头喷药量的总和（L/min），Q 为每亩的施药量（L/ 亩），由农艺要求确定；B 为喷雾机的喷幅（m）。

以 6m 宽的喷雾机为例。如每亩的施药量为 20L，每个喷头的喷药量为 1.17L/min，6m 宽的喷雾机共有 12 个喷头，则得出的机组行进速度为 4.7km/h。

2 药箱加水

先往药箱中注入约 15L 的水。在没有水的状态下运转会对液泵造成损伤，故除放水作业以外绝不可以空运转。将泵高压管上的快接（快速接头）与分配阀上的快接连上，并打开此处球阀，如图 4.14 所示。

打开药箱盖，将泵的吸入管放入滤网辅助板口处。将射流泵的过滤器完全放入水中，如水中有沙子、杂草等异物时，应将射流泵增加二次过滤，防止异物混入。分配阀的喷洒球阀应关闭。

将发动机启动，分动箱高速运转，将压力调至 1.5M~2.0MPa，将调压阀手把向下，并且将泵的球阀打开。向药箱内供水 200L 后注入药液（药液应先在小桶中混合），从药箱入口滤网注入，再将分配阀上的搅拌用球阀打开。加水结束，分动箱置于中立，关闭球阀，抬起卸压手柄，拆掉吸入管。

从加水区往作业场所移动时，为预防药液沉淀，应边行走边搅拌。

3 喷洒作业

若喷洒乳剂农药，要先在搅拌器中加入清水，再加入农药原液至规定的浓度，拌匀、过滤后再加入药箱中使用；若喷洒可溶性粉剂农药，应先将药粉调成糊状，然后加清水搅拌、过滤后再加入药箱中使用。喷洒作业时应戴着防毒面具及配有保护装置，防止药液与皮肤直接接触。

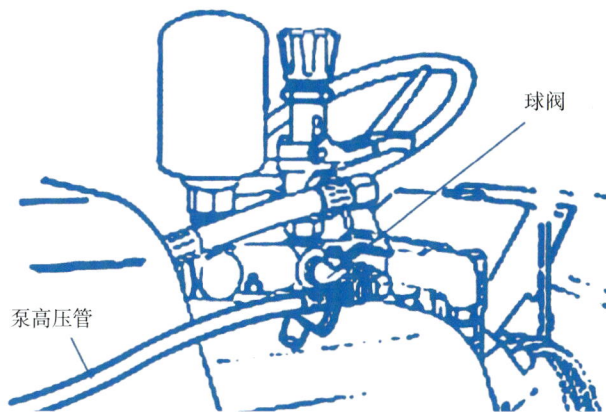

球阀

泵高压管

图4.14　打开球阀

将喷杆水平伸展开,喷杆以喷头距地面50cm为宜。分动箱处于低速。根据喷洒量对照表,确定其行走速度,并按下卸压手柄,调整调压手把至所需压力为0.4M~0.6MPa。调压后,将锁紧手柄旋紧,使之固定。压力调节结束后,喷洒球阀打开,喷洒作业开始。

作业中发动机的油门可根据需要调整。作业中机器回转时,采用四轮转向,以使农作物的损伤达到最小。

4 喷头选用与更换

作业时,如需更换喷头,则应选用原配的防滴漏扇形喷头。更换喷头时,先把喷头安装帽顺时针旋转拧下,把坏的喷头取出,再按照取出时的安装方向,把新的喷头放入喷头安装帽内,最后再把喷头安装帽逆时针拧上即可。需要更换喷体时,因喷体是开合式的,故需先把螺钉打开,再把喷体从喷杆上取下,如图4.15所示。

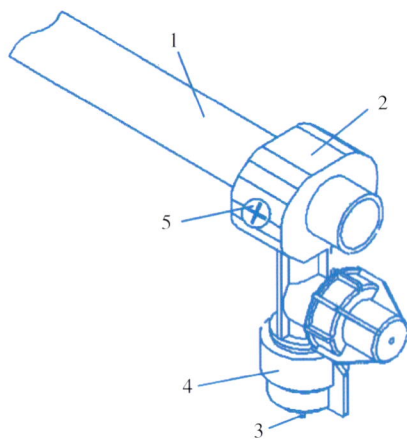

1.喷杆;2.喷体;3.喷头;4.喷头安装帽;5.螺钉

图4.15 更换喷头

(二)特殊操作技术

使用操作人员需经过厂家培训,培训合格后方可独立操作。

复习思考题

1.怎样给药箱加水？
2.怎样进行喷洒作业？
3.怎样选用与更换喷头？

三、注意事项

（一）阅读说明书

仔细阅读机器说明书，不明之处应到当地销售部门或植保部门咨询。

（二）电机

作业中如发现电机冒烟或有焦味，请立即切断电机电源并检修，确定维修好后，方可进行喷洒作业。

载重物爬坡时，如发现电机有马力不足现象而发热发烫，请用慢速挡行驶，以免发动机因过量负荷而降低寿命。

在任何路面行驶时，为避免危险及减少各零部件的故障率，请勿超载。

（三）变速

植保机器的变速完全通过遥控器来控制，具体操作方式为缓推油门摇杆至合适速度后停止推动，并保持在当前位置。

停于坡道时，应将车辆刹车，以免发生溜车、下滑现象。但不可切断电源，因为本刹车是电磁刹车，必须通电，且保持遥控器与机器的信号连接。

（四）刹车

车辆使用过久，如刹车不灵，可更换电磁刹车机构。更换刹车机构后，刹车仍不灵，应检查电路及电磁机构动作是否正常。

（五）药液喷洒

在使用喷雾机进行喷洒农药作业时，一定要注意安全，既要避免发生药害，又要避免发生机械事故。

请勿在强风或下雨的天气操作本机器，因为强风或下雨会导致农药移动进而污染环境，影响到农药使用效果；同时，下雨天作业会导致电子元器件和电机的损坏。

乳剂农药要先在搅拌器中加入清水，再加入农药原液至规定的浓度，拌匀、过滤后再加入药箱中使用；可溶性粉剂农药应先将药粉调成糊状，然后再加清水搅拌、过滤后加入药箱中使用。

同时请注意下列各点：本机的设计主要应用于植物保护，多用于喷洒农药、液态肥料等，禁止使用特殊药液或化学品；请勿使用来历不明的药剂，以免造成不可预知之伤害；在处理农药时，请遵守农药生产厂提供的安全指示；请勿将混合农药的液体倒入田园、道路、河川、水源地等，以免造成环境污染；请于特定的场所清洗药液桶及机器内的残留农药，处理程序必须考虑不会对人、家畜或动物及环境造成危害；不用或残留的植保农业用药剂，请收集于适当的容器内，并送至专业的场所处理。

在农药的混合操作和喷洒作业过程中，作业人员必须了解农药的毒性、应用范围、使用方法、残效期以及中毒的症状、急救方法和措施等。作业人员务必佩戴防护器具，如长衣、长裤、口罩、手套、帽子和风镜等，避免皮肤直接接触或吸入到药剂；喷洒药液作业时，如有出现恶心、头晕、昏睡等任何身体不适，应立即停止操作，休息片刻，如果昏睡或身体不适情形仍未改善，请立即到医院就医，并告知医生所使用的植保药剂成分；请勿于密闭空间或小空间内喷洒药剂，此举将会有中毒风险；作业中严禁进食、喝水、吸烟等；当风力过大时，不要喷药，以免造成药物中毒。

发现对作物有药害时，应立即停止喷药。作业中发现机器运转不正常或其他故障时，应立即停机检查，待故障排除后方可继续工作。

禁止使用强酸、强碱等特殊工作液。处理农药时，应当遵守农药生产商所提供的安全操作方法与安全指标，防止人体及作物中毒。

作业完毕，操作者凡与药液接触的部位应立即用清水冲洗，再用肥皂水洗干净，并用清水漱口。喷洒作业后，必须将本设备在合适的场所清理干净，保证清洗液不会对环境、人、动物等造成危害。

作业结束后，应及时清净药箱和药管中残留药液，用清水清洗后擦干并修复或更换损坏件。离开工作场地后，一定要提升药箱，将喷杆折叠好，放入喷杆架内，以防止运输时的颠簸将喷杆损坏。

严禁在道路和放牧区放置或添加农药，洒落在地上的农药要掩埋好，喷药区两侧禁止放牧。果园、菜地喷药后要设标记，7天内不得收摘食用，防止食物中毒。

复习思考题

1. 电机在使用时应注意哪些事项？
2. 机器在使用时对变速应注意哪些事项？
3. 对刹车系统应注意哪些事项？

四、维护保养

（一）基本维护保养

1　日常保养

药液桶及进出药液管路滤网每班次需要拆下清洗，以免影响过滤功能。滤网应用清水清洗干净。检查各部位螺栓、螺母是否有松动现象，如发现松动，应立刻拧紧。各部分的电路接头要定期检查，防止脱落、老化、短路等。

2 定期保养

防治季节结束后，要将机器污物、药液清洗干净，清除机器上附着的杂草；松动部件要紧固，应在活动部件及非熟料接头处涂抹防锈油。停放空间应保持干燥，避免与肥料、化学药液或其他酸碱、高湿物品停放于同一空间。

（二）常见故障处理

1 电池、电压

◎动力电池电压、控制电压不显示。检查急停开关是否旋转闭合，电池是否有电，电源插头是否插好，控制箱下方的空气开关是否闭合。

◎动力电池电压不显示，控制电压显示 12V，植保机无法行走。检查遥控器是否解锁，遥控器电锁开关是否打开。

◎电压均显示正常，植保机可行走，方向无法转向。检查遥控器电锁开关是否打开。

2 行走

◎方向和行走均正常，喷雾机工作但不出水。检查施药管路中是否有空气。

◎车子行走过程中突然停止不动，控制不了。检查电池电量是否充足，周围是否存在干扰源，是否能在雷雨天气使用。

3 喷雾

不喷雾或喷雾量小。检查药箱药液是否不足，喷头是否堵塞。

4　遥控器

遥控器报警一直响。检查遥控器电池是否需要充电，药箱药液是否喷洒完毕，动力电池电量是否充足。

（三）疑难故障处理

1　遥控器

遥控器电锁开关已打开，无法转向。检查转向电机插头线路或主控线插头是否松动。

2　动力失常

正常开启，植保机械动力变小、无法工作。联系售后技术人员。

（四）维修信息

□ **生产厂家**：合肥多加农业科技有限公司
□ **机型**：3WYP-120遥控自走式喷杆喷雾机
□ **电话**：0551-62913003
□ **地址**：安徽省合肥市包河区互联网产业园6号楼1楼
□ **网址**：www.duojiaaa.com

复习思考题

1. 怎样做好机器的日常保养？
2. 怎样做好机器的定期保养？
3. 电池、电压出现故障怎么办？

安阳全丰

DANXUANYI YAOKONG FEIXING PENWUJI

第五章　单旋翼遥控飞行喷雾机

　　单旋翼遥控飞行喷雾机是指按旋翼数划分，旋翼数量只有一个的遥控飞行喷雾机。是可垂直起降的飞行器，主要由通用单旋翼无人直升机平台与喷雾机构组成，是具有手动遥控飞行作业方式或地面站参与的自主控制作业方式的一种农业植保机械。本章主要介绍S40E型、HY-B-15L型、水星一号和TY-800型四种单旋翼遥控飞行喷雾机的主要性能，以及单旋翼遥控飞行喷雾机的基本结构、工作原理和优缺点。同时，还介绍单旋翼遥控飞行喷雾机的主要操作技术、操作注意事项和维护保养信息。

一、结构原理

（一）概念

单旋翼遥控飞行喷雾机是指按旋翼数划分，旋翼数量只有一个的遥控飞行喷雾机。是可垂直起降的飞行器，主要由通用单旋翼无人直升机平台与喷雾机构组成，是具有手动遥控飞行作业方式或地面站参与的自主控制作业方式的一种农业植保机械。按动力分为油动型、电动型；依据其动力配置及任务载荷可分为微型／小型、轻型／中型、重型／大型。

（二）型号

1 S40E 单旋翼遥控飞行喷雾机

深圳高科新农技术有限公司的 S40E 单旋翼遥控飞行喷雾机（见图 5.1），机体外形尺寸为 2165mm×2400mm×720mm（主旋翼展开），2165mm×570mm×720mm（主旋翼、喷杆折叠），主

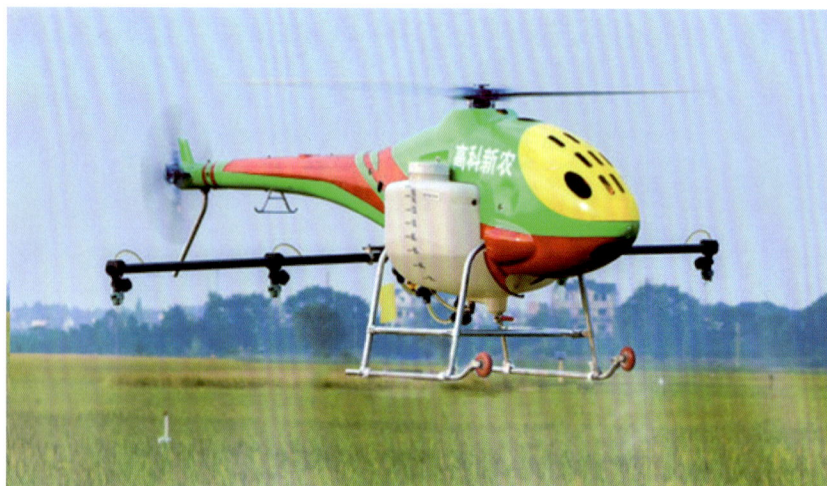

图 5.1 S40E 单旋翼遥控飞行喷雾机

旋翼直径为2400mm，尾旋翼直径为395mm；空机重量（含电池）为20kg，最大起飞重量为40kg；最大载药量可达20kg，喷头为5个，有效喷幅为7m；满载连续飞行时间大于等于11min，可连续喷雾11min，作业速度小于等于7m/s。

2 HY-B-15L单旋翼遥控飞行喷雾机

深圳高科新农技术有限公司的HY-B-15L单旋翼遥控飞行喷雾机（见图5.2），机体外形尺寸为1950mm×450mm×690mm，主旋翼直径为2200mm，尾旋翼直径为360mm，空机重量（不含电池、负载）为9.8kg，最大起飞重量为30kg，平均作业效率为50亩/h，最大作业效率达100亩/h，是人工作业效率的30倍；最大载药量可达16kg，作业速度为3~8m/s（风速2~3级），续航时间为33min，连续喷雾时间为10~15min，喷杆长度1770mm，相对飞行高度（距农作物顶端）为1~3m，喷头数量为5个，喷洒流量为1000~1500mL/min，有效喷幅为4~7m。

该机载荷大、航时长；性能稳定、可靠性高；操作简便、转场方便。

图5.2 HY-B-15L单旋翼遥控飞行喷雾机

3.水星一号单旋翼遥控飞行喷雾机

无锡汉和航空技术有限公司的水星一号单旋翼遥控飞行喷雾机

（见图 5.3），标准作业载重 20kg，最大起飞重量 45kg，有效喷幅为 6~7m，电池容量为 24000mA·h，飞行抗风能力为 6~7 级，作业效率为 30~40 亩 / 架次，120~160 亩 /h，作业速度为 1~7m/s。

该机载重大，风场稳，风力大，效率高，成本低；上手快，易操作；高智能，高自主；两点式自主巡航，不规则多点自助巡航和断点续航，双目视觉定高，仿地飞行，前后双目自主避障，作业数据回传；近远程作业数据回传，移动终端实时监控。

图 5.3　水星一号动单旋翼遥控飞行喷雾机

4　TY-800 单旋翼遥控飞行喷雾机

深圳天鹰兄弟无人机科技创新有限公司的 TY-800 单旋翼遥控飞行喷雾机（见图 5.4），机体外形尺寸为 2950mm×640mm×660mm，折叠尺寸为 2250mm×640mm×6600mm，药箱容量为 25L，续航时间为 20~35min，作业喷幅为 6.5~7m，作业效率为 120~150 亩 /h，全自主 / 动态 AB 点 / 手动操作。

该机颜值高，载荷大、效率高，作业效果好，适应能力强，能360°智能避障，质量好、寿命长，有超强动力系统，操作简单，

图5.4　TY-800单旋翼遥控飞行喷雾机

转场方便。

（三）基本结构

单旋翼遥控飞行喷雾机具有多种应用功能，如航拍、监测、救灾、防疫、种植、农药喷洒等，农药喷洒可用于水稻、甘蔗、玉米、棉花、小麦等农作物及林业病虫害防治。现以S40-E单旋翼电动飞行喷雾机为例进行介绍。该单旋翼遥控飞行喷雾机轻便灵巧，结构组成包括单旋翼无人机机体、动力系统、电气系统、无人机飞行导航与控制系统、数据传输系统、地面监控系统、视频采集及图像传输系统和农药喷洒系统等。

1　单旋翼无人机机体

机体采用纳米技术，可达IPX7级防水、超强防尘防腐蚀，延长了使用寿命。该机型可实现全自主飞控，模块化机身设计，节省了维修时间，具有任意航线规划、断点续喷、变量喷洒、低液压报警、作业参数实时显示、统计存储等功能，如图5.5所示。

2　动力系统

单旋翼遥控飞行喷雾机动力系统主要是提供飞行喷雾机动力保

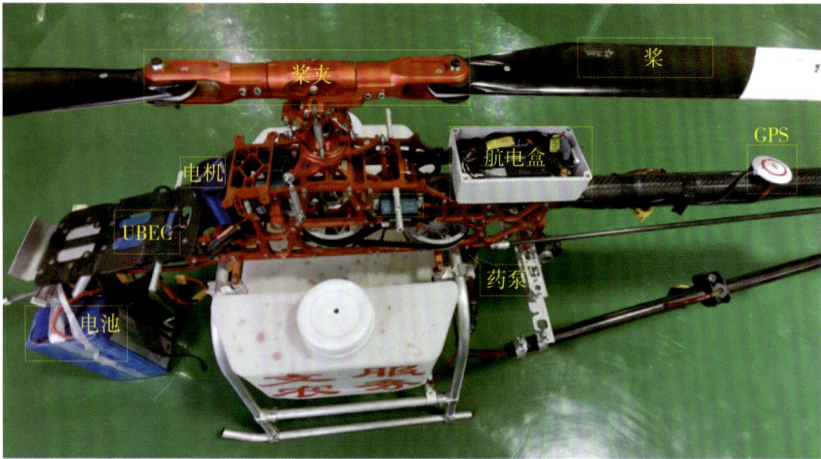

图5.5　单旋翼遥控飞行喷雾机机体结构

障的设备。主要由动力电池、电机、电子调速器、螺旋桨等组成。该机型使用24000mA·h智能电池，可随时读取电量和充电次数、一键存储、电芯异常报警，智能充电系统支持12组电池自主充电，如图5.6所示。

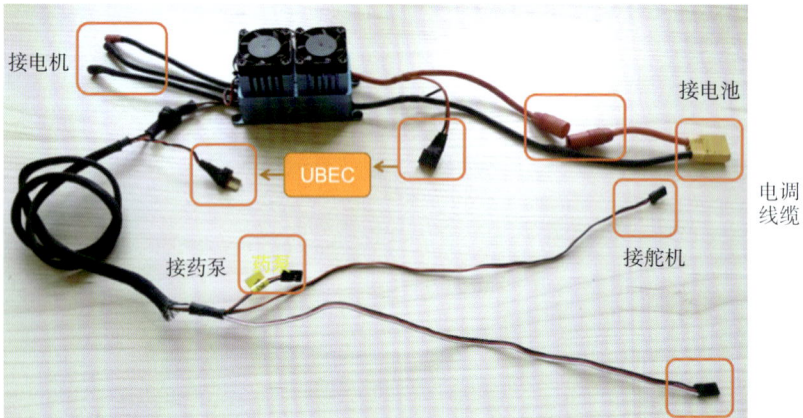

图5.6　动力系统线缆连接

3　电气系统

电气系统指完成遥控飞行喷雾机飞行控制和通信的电子设备。

主要由动力电池、电机、电子调速器、外置稳压电路（UBEC）、主控器、舵机、惯性测量单元（IMU）、全球定位系统（GPS）或全球卫星导航系统（GNSS）、磁罗盘模块、LED指示灯、遥控器、接收机等组成，如图5.7、图5.8所示。

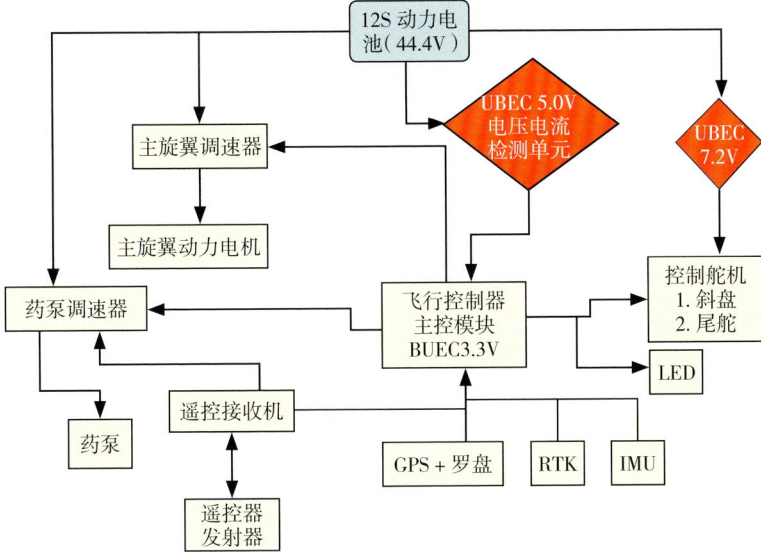

图5.7 GPS模式下航电设备系统工作原理

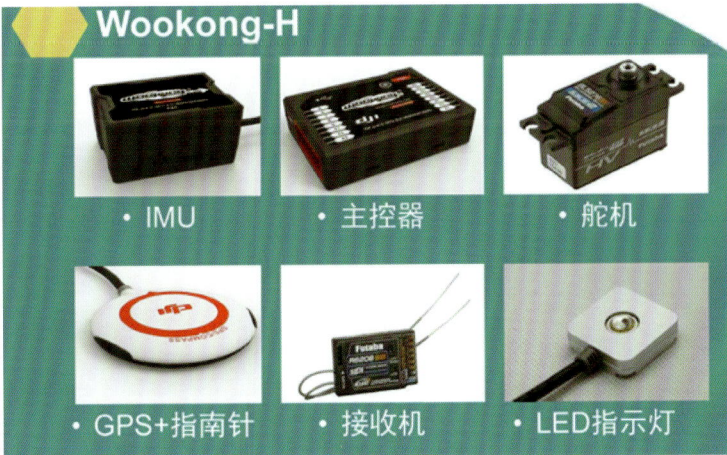

图5.8 航电系统主要部件结构

4 无人机飞行导航与控制系统

遥控飞行喷雾机利用 GPS 定位，缺点是定位误差大，经常出现重喷、漏喷现象，无法达到农药喷洒要求。RTK 技术是指实时动态载波相位差分技术，使用了 GPS 的载波相位观测量，并利用基准站和移动站之间观测误差的空间相关性，通过差分的方式除去移动站观测数据中的大部分误差，从而实现高精度（厘米级）的定位，飞行控制更精准（见图 5.9）。

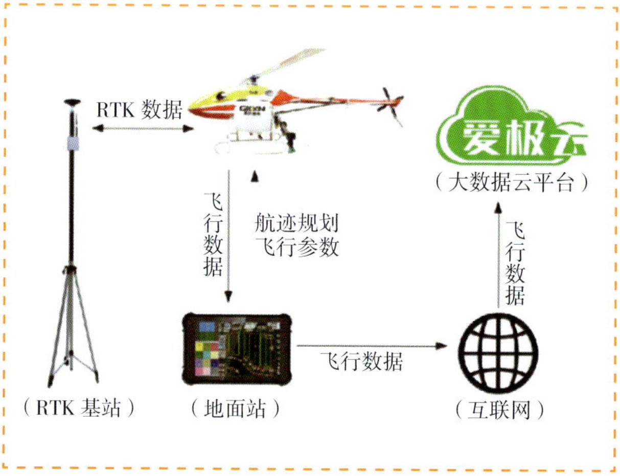

图5.9　RTK差分定位系统

5 数据传输系统

数据管理云平台涵盖多机协调管理、作业前客户洽谈、地块勘察、付款、作业中远程监控、作业后数据统计、客户意见反馈等模块。

6 地面监控系统

根据不同农田环境监测需求，遥控飞行喷雾机可搭载数码相机、多光谱相机、高光谱相机、激光雷达传感器等进行高效、全地面的信息采集，以便更好指导农业生产。根据监测波段范围的差异，主要可分为 400~760nm 的可见光波段数码相机、

400~1100nm 的可见近红外波段多光谱相机、3.6~13.5 μm 的热红外波段相机等。可见光数码相机由于成本低、操作简单被广泛应用，航拍图像能获取作物中蓝（450~520nm）、绿（520~600nm）、红（630~690nm）三波段灰度或者彩色图像，可以直观获得多种作物表型特征及反演多种参数，主要用于农作物分类、保险理赔等领域。多光谱相机价格适中，可获取关于地物的蓝、绿、红、近红外的多光谱信息、纹理信息和结构信息，可以提取用于农作物长势、土壤水分胁迫、地物识别、精细分类、植被覆盖度指数、叶面积指数、病虫害监测、产量估产等领域的多种参数。高光谱相机成本较高，图像光谱波段连续性强、计算量大，可获得更精细的作物冠层光谱信息，有利于更准确地反演地物目标的生态生理参数，主要用于农作物长势、土壤水分胁迫等领域的叶绿素含量、叶片含水量等理化参数反演。热红外相机可以获取作物冠层温度信息用于分析作物叶面光合作用和蒸腾速率等受环境胁迫的影响。激光雷达传感器成本较高，图像计算量大，可以快速有效地获取用于反演作物株高、生物量等的表面点云信息。总体而言，大范围、高时效、客观准确的农情遥感监测需要搭载不同类型的传感器，快速无损地获取农情信息需要综合考虑传感器的特点、用途和成本等各方面因素。

7 视频采集及图像传输系统

飞行喷雾机上配备的 5.8G 无线图像发射器接收摄像头采集到的信号可以发送给地面的接收器，遥控器中的 Wi-Fi 模块可将收到的信号通过 Wi-Fi 发送到用户的手机地面站端。如何让飞行喷雾机回传的画面清晰、实时可靠、图传流畅，飞行喷雾机图像传输技术是关键，而飞行喷雾机图传的核心技术就是无线图像传输技术。如果飞控被称为飞行喷雾机的大脑，那么图传系统就可以比作飞行喷雾机的"眼睛"，目前飞行喷雾机常用的图传方案有 Drone Station+Relay AP（见图 5.10）和 Drone AP+Relay Station&AP

（见图 5.11）两种。

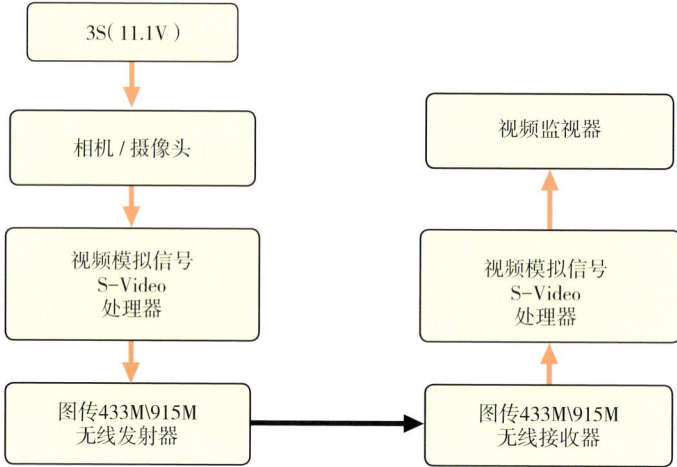

图5.10　视频采集系统

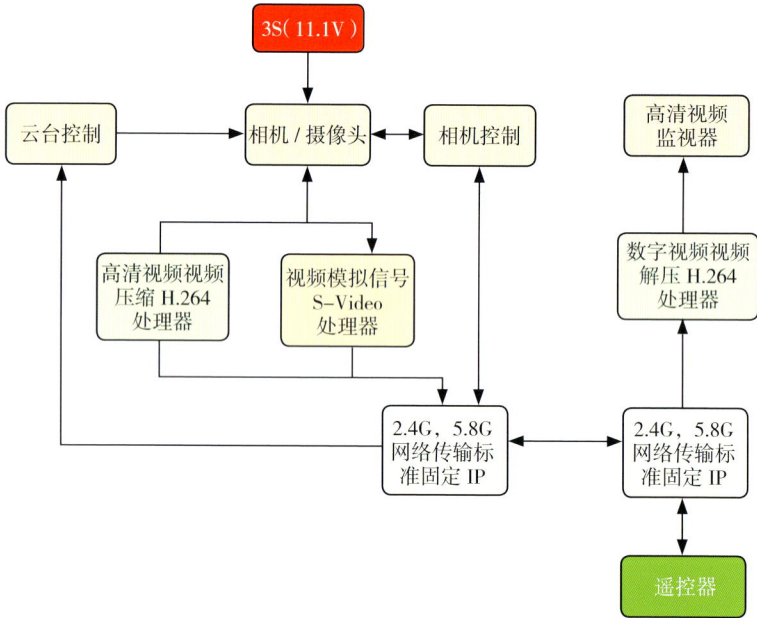

图5.11　图像传输系统

8　农药喷洒系统

农药喷洒系统由药箱、药泵、滤网、喷杆、恒压阀、雾化控制器、喷头等部分组成，遥控飞行喷雾机可搭载喷洒系统等替代人力来从事田间作业，可以有效解决人工作业在效率、质量和劳动强度上的不足以及作业的安全问题等。无人机可以搭载多种高信息化、智能化的对地遥感监测设备来获得精准、全面的农田信息，同时配合农事操作共筑空天地一体化农田管理体系，在实现高产、高效、低成本的同时减少农药和水的使用，减少对土壤和环境的污染。

（四）工作原理

单旋翼遥控飞行喷雾机的前进、后退、上升、下降主要靠调整主桨的角度实现，转向通过调整尾部的尾桨实现，主桨和尾桨的风场相互干扰概率极低。单旋翼无人机旋翼相对较长，飞行中产生的下旋气流，可将药液喷洒到植物的根茎部（见图 5.12）。雾滴分布均

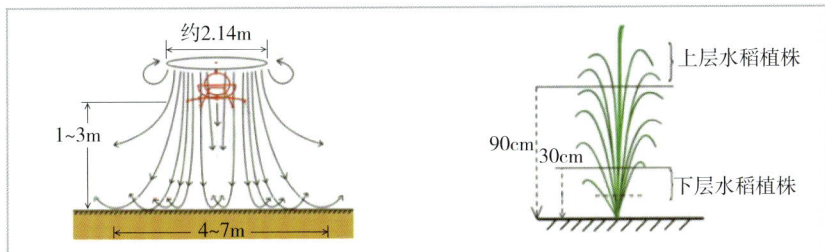

雾滴沉降测试

准备雾滴沉降测试卡　　雾滴沉降测试中　　雾滴沉降测试结果

测试结果显示夹在上层和下层的测试卡雾滴分布均匀

图5.12　单旋翼无人机作业示意

匀、沉降效果好，植保效率超过人工施药效果。特点是风场统一、下压风场大、桨叶产生的下洗气流能够使药液到达作物底部的叶背，能够满足多种作物（如大田作物、高秆作物、果树和较茂密作物）的作业需求。

（五）优缺点

单旋翼遥控飞行喷雾机的优点有作物适用面广，可有效延长作业周期；作业高度低，只离农作物 1~1.5m，飘移少，可空中悬停，无须专用起降机场；地形要求低，作业不受海拔限制；较高的载重能力，续航时间较长，稳定的单一风场，可以有效控制喷洒药剂的飘移问题；机体框架结构采用专用航空铝材；易保养，使用、维护成本低；重量轻、体积小；功效比较高，单旋翼飞行喷雾机的功效比已经达到 1：2.5 左右，能耗相比于多旋翼飞行喷雾机较低；起飞调校短、效率高、出勤率高。以 1 台起飞载重 16kg 的无人机为例，20 亩左右的农田，15min 便可以喷洒完毕，日喷防面积在 300~500 亩；而依靠人力喷雾器，每天的喷防量仅 10 余亩，即使是地面植保机械中效率最高的高架喷雾器，无人机的效率也是其作业效率的 8.38 倍。

缺点是单旋翼飞行喷雾机的造价较高，而且由于单旋翼本身是非自稳系统，喷洒农药时需要高精度姿态，操控难度比较大，因而对于飞控技术的要求更高。

复习思考题

1. 什么是单旋翼遥控飞行喷雾机？
2. 单旋翼遥控飞行喷雾机的工作原理？
3. 单旋翼遥控飞行喷雾机有哪些优缺点？

二、操作技术

（一）一般操作技术

一般的农林作业环境较复杂，植保飞行喷雾机为保证其作业效率和使用寿命，对作业环境的选择有特殊的要求。一般飞行喷雾机作业前需要先确定出发、到达时间，做好人员、装备安排，了解天气情况，飞机安全检查，合理装车、固定，提前勘查现场等（见图5.13）。飞行前的安全检查包括作业环境检查、飞行喷雾机检查、遥控器检查和通电检查四个部分，如图5.14所示。

起飞前检查到位，即搜索卫星完毕，GPS定位成功（LED灯不闪灯）就可以进入起飞流程了。

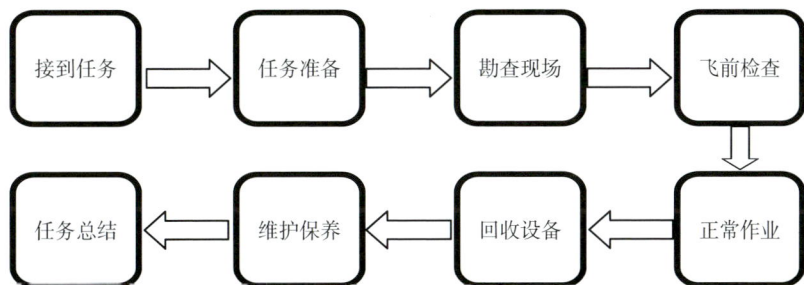

图5.13　植保飞行喷雾机作业流程

（a）作业环境检查　　　　　　　　（b）飞行喷雾机机身检查

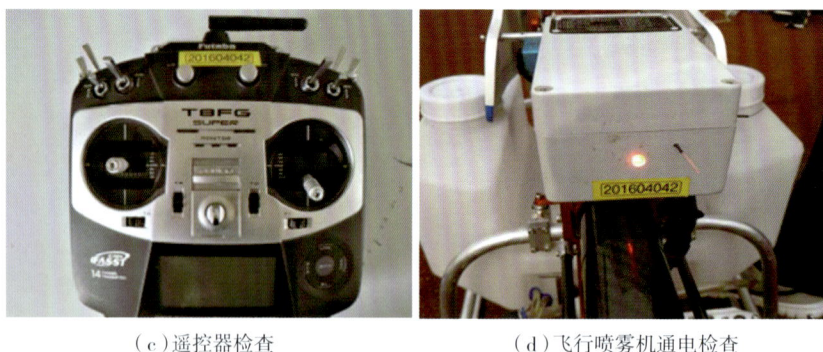

（c）遥控器检查 　　　　　　　　　（d）飞行喷雾机通电检查

图5.14　飞行前的安全检查

1 起飞前检查

到作业点后，选择好作业面，设置安全作业警戒线，尽量选择靠山体的一方作为起飞点和降落点。按照标准勾兑好药液并做好过滤，在油门保护状态下，通过遥控器各摇杆检查和判断副翼、升降、方向、油门螺距舵等方向是否正确，检查整个喷洒系统是否工作正常，首次使用喷洒系统时，管内一般会有空气存在，需要排气泄压，请打开喷头上的泄压阀，打开药泵将管内空气排空，直到喷头出液正常，去除油门保护开关选择自驾姿态（GPS模式），检查飞控系统的LED灯是否闪烁紫灯（不闪灯为手动模式，闪黄灯为自稳模式，闪紫灯为GPS模式），如图5.15所示。

图5.15　各色LED灯含义

2　起飞

轻推油门螺距摇杆 1~2 格，主旋翼转动后等待约 3 秒，主旋翼转速稳定后再继续慢慢增加油门，直至飞机进入定速状态。若在增加转速的同时发现尾旋翼切风声严重，尾管左右抖动，则常由于尾旋翼未修正至中立螺距位所致，此时只需修正尾旋翼螺距即可。

飞行喷雾机迅速离地 1m 以上后，让它平稳地对尾悬停，控制好安全距离。调节飞行喷雾机高度，一般控制在农作物上方 1~3m，利用方向舵慢慢将飞行喷雾机转至作业起点，飞行时控制好各舵量，保持飞行喷雾机稳定，打开药泵开关，按照事先设计好的作业路线进行对尾飞行作业，如图 5.16 所示。

图5.16　平稳飞行作业

3　降落过程

作业结束或需更换电池时，将飞行喷雾机悬停至降落点上方，稳定控制好后慢慢降落，当脚架接地并落实后，快速将油门螺距舵收至最低，将飞行控制开关从最上档直接拨至最下档（从 GPS 模式直接切换至手动模式），再将油门保护开关打开，拇指离开摇杆。等待主旋翼停转后及时断电，并做好飞行时间、电池电压、电量信息等飞行信息记录。

4　作业后清洁保养

每次植保作业结束后，机体部分、喷洒系统、遥控器上面都会残留较多农药，会对飞行喷雾机这些部件造成腐蚀，所以必须对飞行喷雾机各部位的农药残留进行清洁，以保证飞行喷雾机性能稳定。清洁、保养也可以及时排除飞行喷雾机的隐患，提高飞行喷雾机的可靠性。

（二）特殊技术指导

1　飞行要求

（1）极低空飞行。植保作业最佳高度是在作物叶尖之上约1m，对于苗期小麦等低矮作物，无人机应在离地面2m高度飞行，飞行高度精度应在分米级。

（2）高精度直线飞行。植保作业必须保持直线飞行，以保证不产生漏喷、重喷现象，飞行水平精度应在分米级。

（3）慢速匀速飞行。无人机植保的雾化效果很好，药效与无人机的速度密切相关，一般应该保持在4~6m/s匀速飞行。

（4）超目视飞行。飞行喷雾机目视飞行一般只能达到200m，对于宽幅大于500m的大田，则难以选择起降加药点，无法作业，从植保作业效率上讲，无人机一个起落最好飞行一个往返，回到起点加药。植保作业必须具备超目视飞行能力，超目视飞行距离应是无人机总作业距离的1/2。

（5）避目障飞行。对于高秆作物、果木、树林等植保作业，目视飞行作业的视线将会受到阻碍，因此必须要有避目障操控飞行的有效手段。

（6）定点垂直起降。大田地形复杂，加药点难以选择，无人机往往在狭窄空间起降，没有跑道起降条件，故必须具有定点垂直起降操控能力。

2　飞行保障

（1）飞行技能过硬的操控手。植保作业对飞手的要求非常高，在目视飞行的距离内，不借助导航设备的情况下，飞手必须要做到锁高、直线、匀速飞行。狭窄空间定点起降是飞手的基本功，也是植保作业的基本保障。

（2）GPS导航。采用GPS导航进行自主飞行，操控手人工干预，是保障植保作业的方式之一。但对导航的精度要求较高，尤其是要求锁高达到分米级，一般的 GPS 做不到，需要使用差分 GPS 设备（RTK 系统）。另外，在目视飞行距离外，人工干预作用很小，完全靠自主导航飞行，这对导航设备的可靠性能要求非常高，随之也会带来成本的升高。

（3）FPV（沉浸式）飞行。采用 GPS 导航进行自主飞行，操控手进行人工干预，是一种较好地保障植保作业的方法。相对其他无人机作业飞行，植保作业距离短、速度慢、飞行动作简单，这对 FPV 飞行的操作以及设备操作都没有太大的难度。采用 FPV 飞行，操控手可身临其境，克服目视的限制，随时干预导航自主飞行的偏差，保障超目视和避目障飞行作业。

（4）垂直起降飞行。由于没有起降跑道条件，一般植保作业采用单旋翼植保飞行喷雾机和多旋翼植保飞行喷雾机实施。

复习思考题

1. 怎样做好单旋翼遥控飞行喷雾机的起飞前检查？
2. 怎样做好单旋翼遥控飞行喷雾机的起飞？
3. 怎样做好单旋翼遥控飞行喷雾机作业后的清洁保养？

三、注意事项

（一）阅读说明书

请仔细阅读机器使用说明书，不明之处应到当地销售部门或植保部门咨询。

（二）高度与距离

飞行距离控制在说明书可控范围内，特殊情况下，超距离飞行要征得组长的同意；飞行应远离人群，严禁田间有其他人作业时飞行；垂直飞行远离障碍物 10m 以上，平行飞行远离障碍物 5m 以上。

（三）飞前检查

飞机电机温度过高时应打开头罩散热 5~10min，严禁温度过高的情况下连续飞行；每次飞行前都应检查电池电量和飞机信号灯状态。

（四）作业操控

条件允许的情况下，操控人员应在上风处操作飞机；条件允许的情况下，操控人员应背对阳光操作飞机；每次飞行前应先进行对讲机测试，尤其是辅助人员在远端时应首先测试信号的强弱和语音的清晰程度。作业时主控手和副控手必须关闭手机；飞行过程中操作手应与飞机保持 10m 以上的距离，严禁机头正对自己或其他人；作业现场必须着工作服，以方便识别；飞行操作过程中操控手必须穿硬底有后跟鞋，严禁穿拖鞋操作飞机；主副操控手交换操作时应将遥控器模式由个人状态恢复到原始状态，并将飞机的现时状态交代清楚；接手飞机飞行前，必须亲自测量电池电压，检查飞机状态；注意观察喷头的喷雾形态，发现有堵塞的情况要及时更换，并将更换下来的喷头浸泡在清水中，以免凝结；喷头和滤网的清理不能使用尖锐的工具刮擦；地勤要保证留有一桶清水用于作业后飞机的清洗。

（五）通话要求

飞控手的对讲机要使用耳机方式接听，以免受到环境嘈杂声音的干扰。对讲机通话必须采用标准用语，定义如下。

减速：在远端距离终点 20~30m 开始回拉杆，逐渐减低速度。

到位：表示飞机到达终点位置，应悬停。

关闭：表示药箱开关关闭。

打开：表示药箱开关打开，飞行开始运动。

返回：关闭药箱，飞机返回起点。

复习思考题

1. 怎样控制单旋翼遥控飞行喷雾机的高度与距离？

2. 怎样做好单旋翼遥控飞行喷雾机的作业操控？

3. 单旋翼遥控飞行喷雾机作业时对通话有什么要求？

四、维护保养

（一）基本维护保养

1 日常维护

作业前，要检查药箱是否漏水，完成后要清洗药箱，并用湿毛巾擦拭机架。电机需要用清水冲洗，切不可用尖锐物品接触电机内部铜线。每次使用完毕后用清水将药箱、水泵、喷头过一遍；用清水将飞机上的桨、电机、机架清洗一下，切勿将水洒到飞控、电调、插头及其他电子元件上；仔细检查飞机使用的桨是否有裂纹和断折迹象，以及所使用的电池表面有无孔洞和被尖锐东西刺穿的现象，若是有破损的电池，则会引起燃烧，损毁遥控飞行喷雾机，使用完毕之后将整机放在不易碰撞的地方保管。

2 定期维护

使用期间每隔一周仔细检查各个部件及配件是否完好，尤其是检查飞机上使用的桨是否有裂纹和折断迹象以及所使用的电池表面有无孔洞和被尖锐的东西刺穿的现象；每隔一周仔细检查地面站是否完好并能正常使用，飞控上的线有无松动和损坏；使用前和使用期间（每隔一周）仔细检查无人机机体是否松动，连接部分是否牢固，螺丝是否紧固，尤其是电机是否松动。

3 锂电池的维护保养

当超过三天不使用时，锂电池电压需要保存在 3.8V 左右，且放置在阴凉通风处，每月需要检查一次电压，电压低于 3.8V 时需要进行补电。场外作业时，不可将锂电池暴晒在太阳之下。

（二）常见故障处理

1 GPS 长时间无法定位

GPS 冷启动一般不超过 1min，如果等待几分钟后情况依旧没有好转，可能是因为 GPS 天线被屏蔽或者被附近的电磁场干扰，此时需要把屏蔽物移除，远离干扰源，将其放置到空旷的地域，看是否好转。也可能是 GPS 长时间不通电，当地块与上次 GPS 定位的点距离太长，或者是在飞行喷雾机定位前打开了微波电源开关，可尝试关闭微波电源开关，关闭系统电源，间隔 5s 以上重新启动系统电源等待定位或重新校准指南针，如果此时还不定位，可能是 GPS 自身性能出现问题，这时就需要拿去给专业维修人员处理，如图 5.17 所示。

2 飞行时偏离航线

首先，检查飞行喷雾机是否调平，调整飞行喷雾机到无人干预下能直飞和保持高度飞行；其次，检查风向及风力，因为大风也会造成此类故障，故应选择在风小的时候起飞飞行喷雾机；然后，检查平衡仪是否放置在合适的位置，把飞行喷雾机切换到手动飞行状态，并把平衡仪打到合适的位置。

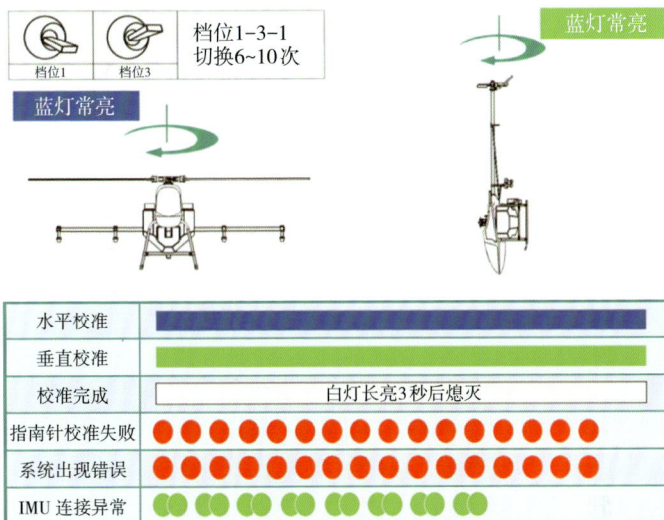

图5.17　LED指示灯特殊模式与异常状态

③ 地面站收不到来自飞行喷雾机的数据

检查是否连线接头松动或没有连接，是否点击地面站的链接按钮，串口是否设置正确，串口波特率是否设置正确，地面站与飞行喷雾机的数传频道是否设置一致，飞行喷雾机上的 GPS 数据是否送入飞控，只要其中有一个环节出问题就无法通信，检查无误后重新连接。如果检查无误后还是连接不上，则可以重新启动地面站电脑和飞行喷雾机系统电源，一般都可以连上通信。

④ 舵机经常发出吱吱的响声

有的舵机无滞环调节功能，控制死区范围调得小，输入信号和反馈信号时老是会波动，只要它们的差值超出控制死区，舵机就会发出信号驱动电机。另外，没有滞环调节功能，舵机齿轮组机械精度差，齿虚位大会带动反馈电位器的旋转步，如果步范围超出控制死区范围，那么舵机必将调整不停。

5 植保飞行喷雾机突然失控

若植保飞行喷雾机突然失控，请保持冷静，迅速把飞行模式切为手动模式，这样可以迅速控制飞行喷雾机，这时不要急着将飞行喷雾机降落，要先加大油门，拉高飞行喷雾机，在空中纠正飞行喷雾机的姿态，寻找合适的降落地点慢慢下落，直到安全着陆。

6 机身出现异常

如果是硬件出现异常，如飞机出现明显杂音，机身出现严重抖动，电机转速明显下降或飞机突然停止工作等，要尽量稳住飞行喷雾机的飞行姿态，如果确实不能控制，那就遵循宁可摔机，不可伤人的原则紧急迫降。

7 喷洒系统滤网、喷嘴堵塞

喷洒系统堵塞或流量不准、误差大，请检查是否存在校准错误，喷头或喷洒系统各结构件是否磨损，药箱有无药液，蠕动泵管是否老化，流量计是否堵塞或叶轮被腐蚀，管路是否漏气或漏水。尽量用液体药，装药时要做好过滤，这里可用丝袜套上过滤网，滤网、喷嘴堵塞后可用牙刷等软刷进行清洁。

8 遥控器常见故障

按键不起作用大多数是晶振损坏或集成块不良所致。如果曾经跌落过或用收音机检查完全没有"嘟嘟"声，则可直接更换新的晶振。个别按键不起作用的原因一般是按键电路触点不能有效导通，可用棉花蘸无水酒精擦拭碳膜触点，但不能太用力，以防碳膜层磨损或脱落。

（三）疑难故障处理

1 动力系统故障

动力电池常见故障有电池容量低、电压低，掉电快、变形鼓包等，请检查电池接头、线缆、外观，严格落实各项检查记录，平时不能满电或低电压存储，应定时充放电保养。电机异响或不转，请检查电机是否缺相、短路，或电调到电机的连接线路异常等。

2 倾斜盘舵机故障

植保机用舵机为独立的无刷伺服控制执行单元，具有高扭力、高性能和高温耐久的特点，但因植保作业环境和强度的特殊性，依然存在损坏的可能。主要表现为飞机上电自检后，倾斜盘不处于水平状态，手动模式下操作遥控遥杆出现某个舵机不动或不规则跳动的情况。出现此类情形必须及时更换该舵机，并进入直升机飞控调参系统对该舵机重新设定。

（四）维修信息

□ **生产厂家**：深圳高科新农技术有限公司
□ **机型名称**：S40-E 单旋翼遥控飞行喷雾机
□ **地址**：深圳市龙岗区布新路 97 号
□ **电话**：4006161456
□ **网址**：http://www.szgkxn.com/product_3.html

复习思考题

1. 怎样做好单旋翼遥控飞行喷雾机的定期维护？
2. GPS 长时间无法定位怎么办？
3. 植保飞行喷雾机突然失控怎么办？

DUOXUANYI YAOKONG FEIXING PENWUJI

第六章　多旋翼遥控飞行喷雾机

多旋翼遥控飞行喷雾机是用于农业生产的一种以无线电遥控或由自身程序控制为主的无人飞行喷雾机，又称植保无人机。本章主要介绍P30型、MG-1P型、3WWDZ-10型、3WD4-10型和A16型五种多旋翼遥控飞行喷雾机的主要性能，以及多旋翼遥控飞行喷雾机的基本结构、工作原理和优缺点。同时，还介绍多旋翼遥控飞行喷雾机的主要操作技术、操作注意事项和维护保养信息。

一、结构原理

（一）概念

多旋翼遥控飞行喷雾机是用于农业生产的一种以无线电遥控或由自身程序控制为主的无人飞行喷雾机，按动力可分为油动型、电动型。多旋翼遥控飞行喷雾机是按旋翼数划分，旋翼数量在两个及以上可垂直起降的飞行器，主要由多旋翼喷雾机飞行平台及农药喷洒系统共同组成，不仅可以喷洒农药、叶面肥，还可以辅助授粉作业、农田信息采集等作业，适用于水稻田、小麦地、高山茶园、果树林等农业领域。

（二）型号

1 P30遥控飞行喷雾机

广州极飞科技有限公司的2019款P30遥控飞行喷雾机（见图6.1），外形尺寸为1262mm×1250mm×390mm（螺旋桨折叠），2018mm×2013mm×390mm（螺旋桨展开），对称电机轴距为1560mm，整机重量（不含电池药箱）16.05kg，悬停时间为10~18min，最大作业飞行速度为12m/s，喷头雾化粒径为

图6.1　P30遥控飞行喷雾机

90~300μm，喷头有效喷幅为 2~6m，药箱容量为 16L，障碍物感知范围为 1.5~20m。

该机机身采用了超高强度、碳纤维覆盖的镁铝合金材料，使整机刚性增强 30%~60%，关键部件刚性增强 300%，整机（所有模块与结构）具备 IP67 级三防性能，可全机身水洗。融入"三段式应力释放"设计，设备在受到意外撞击时，能通过机臂上的三个泄力点释放能量，防护能力强。该机采用了防滚架设计，主架的结构强度提升 60%，能承受大于两倍自身重力的冲击力，能在使用中最大限度减少机体扭曲变形。

2　MG-1P 遥控飞行喷雾机

深圳市大疆创新科技有限公司的 MG-1P 遥控飞行喷雾机（见图 6.2），机体外形尺寸为 1460mm×1460mm×578mm（机臂展开，不含螺旋桨），780mm×780mm×578mm（机臂折叠）；机架部分的对称电机轴距为 1500mm，单臂长度为 619mm，喷洒系统的药箱容积为 10L，喷幅为 4~6m；整机重量（不含电池）9.7kg，最大功耗为 6.4kW，悬停时间为 20min，最大作业飞行速度为 7m/s；可感知范围为 1.5~30m。

图6.2　MG-1P遥控飞行喷雾机

　　该机支持一控多机，一个遥控器最多可协调五架 MG-1P 系列植保机同时进行作业，单人作业效率高。可将植保机前方景象呈现在遥控器上，为作业时远程绕障飞行提供实景参考。可实现飞行打点，通过实景图像设定 A/B 点或航点，作业规划更省时、高效。拥有八轴动力冗余设计和双备份通信机制，保障飞行安全。采用高精度雷达，灵敏度高，障碍物感知与仿地飞行能力强。

3　3WWDZ-10遥控飞行喷雾机

　　中农丰茂植保机械有限公司的 3WWDZ-10 遥控飞行喷雾机（见图 6.3），整机重量（不含电池）9.6kg，最大有效起飞重量 25kg，最佳作业速度为 4~6m，最大作业飞行速度为 10m/s，可承受最大风力为 6 级，飞行作业时间 6~12min/ 架次，作业高度为 2~4m，最大下降速度为 3m/s，最大飞行速度为 10m/s，最大飞行海拔高度为 3500m。

图6.3　3WWDZ-10飞行喷雾机

　　该机支持自主飞行控制，可实现一键起飞，能按照预定航线自动飞行以及自动降落。该机能针对不同作物和作业环境，智能匹配飞行速度和喷洒流量，支持避障停喷、断点续喷。手持地面站，支持不规则地块的快速测绘，自动完成航线规划，并根据作业需求，预设飞行和喷洒参数。多项冗余设计，确保喷雾机系统、安全、稳定飞行。

4　3WD4-10遥控飞行喷雾机

浙江智天科技有限公司的3WD4-10遥控飞行喷雾机（见图6.4），尺寸为1200mm×2310mm×430mm（机臂展开，不含螺旋桨），495mm×495mm×430mm（机臂折叠），对称电机轴距为1200mm，药箱容量为10L，雾化粒径为130~250μm，喷幅为4~6m，悬停时间为24min（起飞重量13.9kg时），最大作业飞行速度为8m/s，最大飞行速度为22m/s。

该机作业量可达40~60亩/h，喷洒泵采用高精度智能控制，能与飞行速度联动，在智能模式下，实现了定速、定高飞行和定流量喷洒。

图6.4　3WD4-10多旋翼遥控飞行喷雾机

5　A16遥控飞行喷雾机

杭州启飞智能科技有限公司的A16遥控飞行喷雾机（见图6.5），裸机重量为15.6kg，药箱容量为16L，雾化颗粒直径为80~250μm，续航时间为8~22min，喷幅宽度为3~6m，作业高

图6.5　A16遥控飞行喷雾机

度为 1.5~4m，作业面积 40~100 亩 /h。

该机采用模块化设计，机臂、药箱电池可插拔，IP67级防水、防尘，离心、压力喷头可快速切换。

（三）基本结构

多旋翼遥控飞行喷雾机主要由机体结构、动力与电力系统、导航与飞控系统、任务设备和机载通信设备等组成，其特点是操控、构造比较简单，便于维护保养，机器整体重量较为轻便，价格相对便宜（见图 6.6 ）。

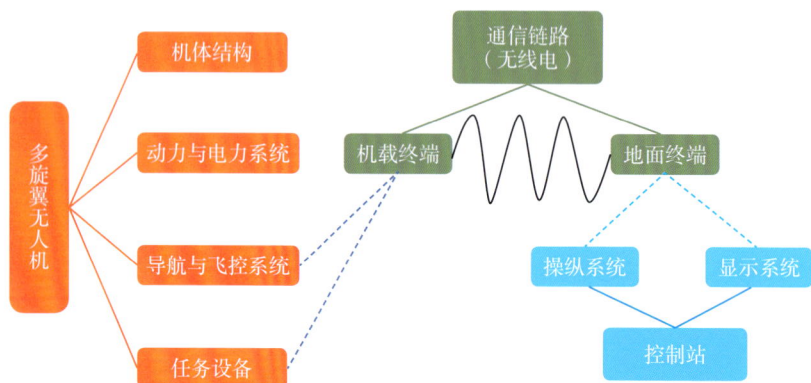

图6.6　多旋翼遥控飞行喷雾机系统

现以2019款P30遥控飞行喷雾机为例进行介绍，整个系统主要包括整机（载机平台、动力系统、RTK定位系统、飞行控制系统和喷洒系统）、操控系统、GNSS RTK定位系统（GNSS农田测绘杆、移动基站与固定基站）、电力系统（智能电池、智能快速充电器、储能充电器）、装药系统（智能药箱、智能灌药机）和运营管理监控系统（见图6.7）。

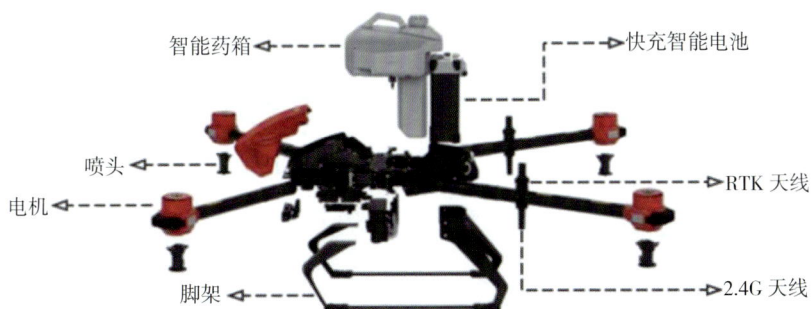

图6.7　P30遥控飞行喷雾机整机结构

1　动力系统

为飞行器提供动力，推动飞行器前进的装置称为动力装置或动力系统。动力系统主要由电池、电调板、电调、电机、螺旋桨构成。其中，电池负责为无人机上的所有电子设备供电；电调板负责将飞控信号和电池电流分配至电调，使无人机的指令动作得以完成；电调负责控制电机电流的大小，控制电机的转速；电机则负责驱动螺旋桨旋转，使螺旋桨产生升力，得以飞行。如图6.8所示。

2　喷洒系统

喷洒系统是遥控飞行喷雾机的任务载荷，由药箱、喷洒管路、水泵、喷头及喷洒控制器组成，其作用是将农药进行雾化并喷洒到植物上。喷洒系统的性能将直接影响植保效果与效率，是精准农业中非常重要的一点，喷洒效果是一个经常被提及的话题，也是全面推广遥控飞行喷雾机植保服务的关键所在。如图6.9所示。

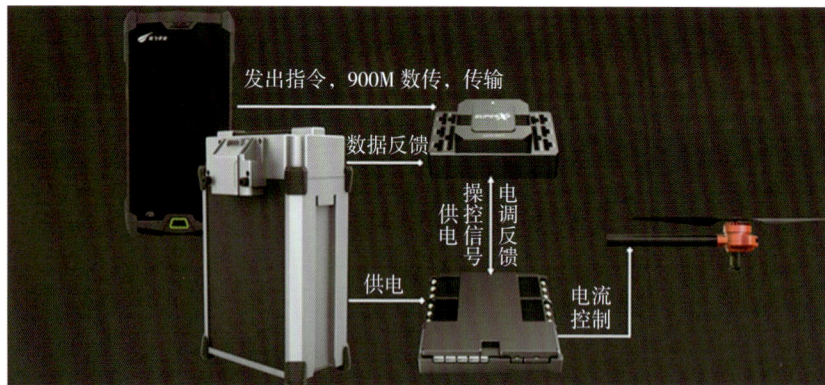

发出指令，900M 数传，传输

数据反馈

操控信号

供电

电调反馈

供电

电流控制

图6.8　2019款P30遥控飞行喷雾机动力系统

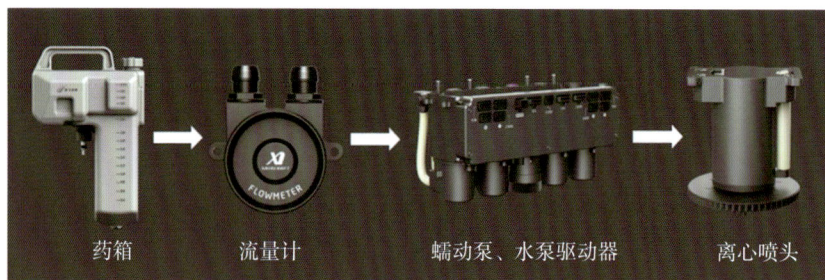

药箱　　　流量计　　　蠕动泵、水泵驱动器　　　离心喷头

图6.9　2019款P30遥控飞行喷雾机喷洒系统

3　RTK 定位系统

RTK 定位系统由手持测绘器、移动基站与固定基站组成，为农田测绘、无人机飞行提供厘米级的高精度定位。当移动端（无人机，测绘器）的 RTK 主机与基站（移动基站，固定基站）的 RTK 主机共用卫星信号足够稳定，且接收到的 RTCM 差分数据稳定有效时，无人机进入实时的高精度定位状态。如图 6.10 所示。

4　飞行控制系统

飞行控制系统是无人机完成起飞、空中飞行、执行任务、降落等整个飞行过程的核心系统，它对于无人机的作用相当于驾驶员对于有人机的作用。同时，该系统可以保障无人机稳定飞行，降低操作员的操作难度，提高执行任务能力与飞行品质，增强飞行安全、减轻操作员负担。如图6.11所示。

图6.10　2019款P30遥控飞行喷雾机RTK定位系统

图6.11　2019款P30遥控飞行喷雾机飞行控制系统

5　灌药系统

2019款智能灌药机与2019款智能药箱搭配使用，两者通过蓝牙进行通信。把智能药箱放置在灌药机内，开启智能药箱和智能灌药机后，两者蓝牙会自动配对连接，无须人为操作就可实现人药分离，降低中毒风险。相比上一代提升了灌药效率，从源头实现了精准灌药和精准喷洒。如图6.12、图6.13所示。

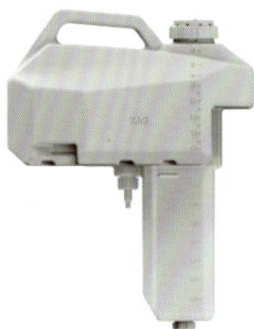

图6.12　2019款P30遥控飞行喷雾机智能灌药机

图6.13　2019款P30遥控飞行喷雾机智能药箱

（四）工作原理

多旋翼遥控飞行喷雾机由控制系统中的通信设备将飞行器的高度、速度、电量、位置等各种丰富的信息传达到地面，地面操作人员根据显示系统提供的信息对飞行器进行操纵。操作人员通过操作设备将控制意图传达到飞行器，实施相应的飞行及操作。整个系统利用通信链路实现飞行器信息的回传，以及地面人员对飞行器的实时操纵或智能化控制。

图 6.14 中，电机 1 和电机 3 做逆时针旋转，电机 2 和电机 4 做顺时针旋转，规定沿 x 轴正方向运动为向前运动，箭头在旋翼的运动平面上方表示此电机转速提高，在下方表示此电机转速下降。

1 垂直运动

图 6.14（a）中，同时增加四个电机的输出功率，旋翼转速增加使总拉力增大，当总拉力足以克服整机的重量时，四旋翼飞行器便离地垂直上升；反之，同时减小四个电机的输出功率，四旋翼飞行器则垂直下降，直至平衡落地，实现了沿 z 轴的垂直运动。当外界扰动量为零时，在旋翼产生的升力等于飞行器的自重时，飞行器便保持悬停状态。

2 俯仰运动

图 6.14（b）中，电机 1 的转速上升，电机 3 的转速下降（改变量大小应相等），电机 2、电机 4 的转速保持不变。由于旋翼 1 的升力上升，旋翼 3 的升力下降，产生的不平衡力矩使机身绕 y 轴旋转，同理，当电机 1 的转速下降，电机 3 的转速上升时，机身便绕 y 轴向另一个方向旋转，实现飞行器的俯仰运动。

3 滚转运动

与图 6.14（b）的原理相同，图 6.14（c）中，改变电机 2 和电

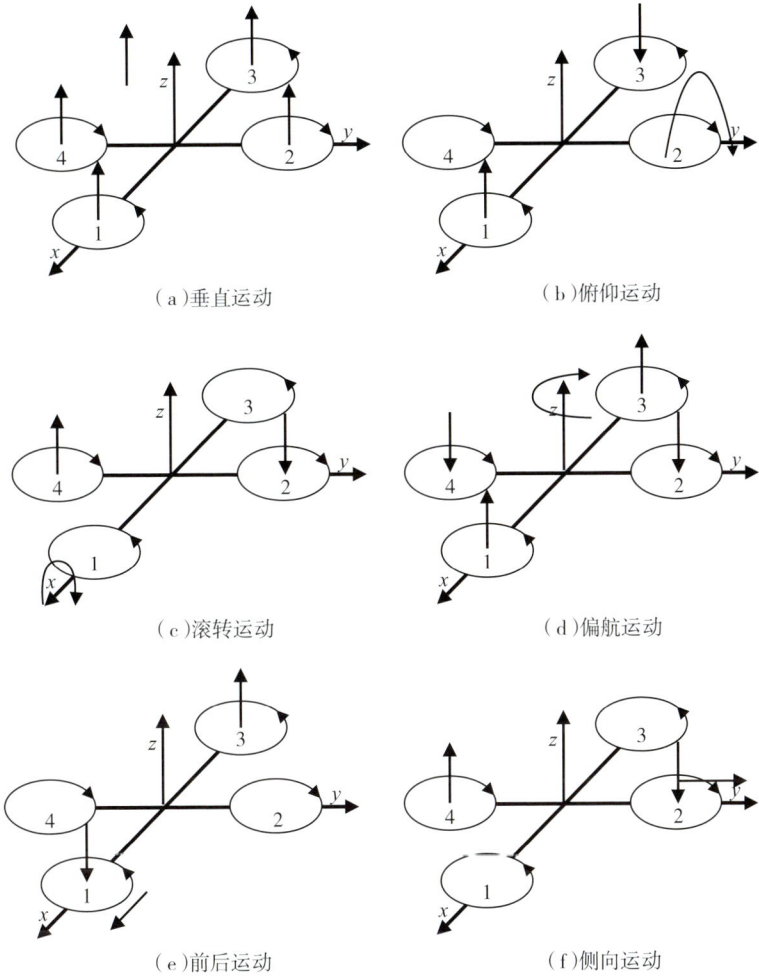

（a）垂直运动　　　　　　　　（b）俯仰运动

（c）滚转运动　　　　　　　　（d）偏航运动

（e）前后运动　　　　　　　　（f）侧向运动

图6.14　2019款P30遥控飞行喷雾机沿各自由度的运动

4的转速，保持电机1和电机3的转速不变，则可使机身绕 x 轴旋转（正向和反向），实现飞行器的滚转运动。

4　偏航运动

旋翼转动过程中，空气阻力的作用会形成与转动方向相反的反扭矩，为了克服反扭矩影响，可使四个旋翼中的两个正转、两个反转，且对角线上的各个旋翼转动方向相同。反扭矩的大小与旋翼转速有关，当四个电机转速相同时，四个旋翼产生的反扭矩相互平衡，四旋翼飞行器不发生转动；当四个电机转速不完全相同时，不平衡的反扭矩会引起四旋翼飞行器不发生转动；当四个电机转速不完全相同时，不平衡的反扭矩会引起四旋翼飞行器转动。图6.14（d）中，当电机1和电机3的转速上升，电机2和电机4的转速下降时，旋翼1和旋翼3对机身的反扭矩大于旋翼2和旋翼4对机身的反扭力，机身便在富余反扭矩的作用下绕z轴转动，实现飞行器的偏航运动，转向与电机1和电机3的转向相反。

5　前后运动

要想实现飞行器在水平面内前后、左右运动，则必须在水平面内对飞行器施加一定的力。图6.15（e）中，增加电机3转速，使拉力增大，相应减小电机1转速，使拉力减小，同时保持其他两个电机转速不变，反扭力仍然要保持平衡。按图6.14（b）的理论，飞行器首先发生一定程度的倾斜，从而使旋翼拉力产生水平分量，实现飞行器的向前飞行。向后飞行与向前飞行正好相反[图6.14（b）和图6.14（c）中，飞行器在产生俯仰、翻滚运动的同时也会产生沿x、y轴的水平运动]。

6　倾向运动

图6.14（f）中，由于结构对称，所以倾向飞行的工作原理与前后运动完全一样。

（五）优缺点

多旋翼遥控飞行喷雾机的优点有作物适用面广，可有效延长作业周期；作业高度低，可以离农作物1~1.5m，飘移少，可空中悬停，无须专用起降机场；地形要求低，作业不受海拔限制；较高的载重能力，续航时间较长，单一风场，可以有效控制喷洒药剂的飘移问题；机体框架结构采用专用航空铝材；易保养，使用、维护成本低；重量轻、体积小；功效比较高，相比普通机械植保作业，遥控飞行喷雾机喷施农药、防治病虫害虽有一些不足之处，但已体现出作业效率高、劳动强度低、适应性广、对人健康危害小等特点。

复习思考题

1. 什么是多旋翼遥控飞行喷雾机？
2. 什么是飞行控制系统？
3. 多旋翼遥控飞行喷雾机有哪些优缺点？

二、操作技术

（一）一般操作技术

做好飞行准备工作，完成指南针校准和流量校准。作业时，多旋翼遥控飞行喷雾机可自主规划航线。首先使用遥控器进行航线规划，规划完之后遥控器的显示屏上面会有规划的地块状况以及自动生成的航线和障碍物的标记。接着根据实际的病虫害情况调整亩施药量、飞行高度、作业速度、喷幅等参数。然后连接电池，调出规划的任务，点击执行任务就可以进行自主作业。同时，遥控飞行喷雾机还具有 A/B 点作业和手动作业功能，可以根据实际地况选择合适的作业方式。

（二）特殊技术指导

一款完善的遥控飞行喷雾机系统具有诸多关键技术，如高精度定位技术、测绘与航线规划技术、避障功能技术、自主控制技术、仿地飞行技术、变量喷洒技术、自动灌药技术、运营监管技术等。

1 高精度定位技术

传统的全球卫星导航系统（GNSS）定位技术精度较低，无法满足遥控飞行喷雾机进行精准作业的要求。定位精度低会导致遥控飞行喷雾机航线飞行不稳定，容易出现重喷、漏喷等现象。RTK高精度定位技术可以为无人机提供实时、动态、厘米级精度的定位支持，解决由于定位精度过低带来的诸多问题。

但采用RTK定位技术也并不能保证万无一失，它仍会受到外界环境的影响。因此，在受到干扰的情况下，遥控飞行喷雾机要继续保持高精度的定位状态则需地形视觉模块提供支持。地形视觉模块可以让遥控飞行喷雾机在完全丢失GNSS或RTK信号的极端情况下仍能获得位置信息和飞行信息，使遥控飞行喷雾机在作业的过程中，即使遇到磁场干扰或者是突然丢失GPS信号也能精准悬停，甚至继续执行航线飞行，保障遥控飞行喷雾机安全飞行。

2 测绘与航线规划技术

RTK的高精度定位可以测绘出地块的准确面积，并且对地块间的障碍物精准标注，规划出合理的飞行航线。精准的测绘与航线保证了飞机飞行的安全及喷洒的精准，测量出的地块面积可以帮助我们把握施药量。

3 避障功能技术

避障功能现阶段可分为航线避障和自动避障。

（1）航线避障。搭载RTK技术进行农田边界测绘时，要把作业地块的障碍物圈出，并做好标记。在进行航线规划时，航线能够自动避开障碍物。遥控飞行喷雾机根据预先规划好的航线进行航线飞行作业，即可避开障碍物。如图6.15所示。

（2）自动避障。避障模块能够让遥控飞行喷雾机实现自动避障。该模块基于视差原理，是计算机视觉的一种重要形式，它利用成像

图6.15　2019款P30遥控飞行喷雾机避障功能技术

设备的两只"眼睛"来获取被测物体的两幅图像，通过计算图像对应点间的位置偏差来获取物体的三维信息，包括摄像头与物体的距离和物体与物体之间的距离等。这和人眼感知物体三维信息的原理相似，同时，主动近红外照射技术还能支持夜间工作，使遥控飞行喷雾机在夜晚也能正常地感知环境信息，实现夜间作业。

之后，感知的位置数据会被导入避障模块中进行计算，经过认知算法得到飞行控制指令，如悬停、绕行或者继续执行航线等。

4　自主控制技术

RTK 技术是一项能测绘农田边界和智能规划航线且达到厘米级的高精度技术，遥控飞行喷雾机搭载 RTK 技术以后，根据预先规划的高精度航线与设置的飞行参数进行高精度植保飞行作业，使飞行偏差控制在厘米级。同时还实现了一键起飞、自主飞行喷洒及自动返航等功能，使遥控飞行喷雾机实现全程无摇杆操作。自主飞行降低了人工成本，也降低了操作的门槛，可以一人操控多台飞机进行作业，还可以夜间作业，超视距作业，提高了作业效率及市场竞争力。

5 仿地飞行技术

超声波测距是一种非接触式距离测量技术，因为它不受光线、灰尘、烟雾、电磁干扰的优势，已被广泛应用于遥控飞行喷雾机上，帮助实现仿地飞行。

运用超声波技术，可以根据地形的起伏进行防地飞行，保证药物喷洒的效果，满足不同地形作物的植保作业需求。如图6.16所示。

图6.16　2019款P30飞行喷雾机仿地飞行技术

6 变量喷洒技术

遥控飞行喷雾机的核心任务就是将农药喷洒到植物上，因此喷洒系统的性能将直接影响植保效果的好坏。遥控飞行喷雾机要做到适量用药，不能过度使用农药；均衡用药，不多喷也不少喷，既能达到植保效果不产生药害，又不造成农药残留和环境污染。变量喷洒技术就能实现上述目的，它不仅可以根据植物的实际状况设定最佳的用药量，而且还可以根据遥控飞行喷雾机的飞行速度自行调整喷洒速度，飞行速度快了喷洒量增加，飞行速度慢了喷洒量减少，保证了设定的最佳用量，不会造成田地某些区域喷药量多、某些区域喷药量不够的情况，从而达到精准喷洒的目的。

7　自动灌药技术

目前遥控飞行喷雾机作业过程中，影响效率的一大关键点是换药与灌药。市面上大部分的机型都是固定药箱，换药时用量杯灌进药箱里，效率低、用药量也把握不准确，还会有农药接触的安全问题及可能撒到设备上造成损坏。

可分离的插拔式药箱加上自动灌药机，就可以解决该类问题。在作业的时候，自动灌药机需要提前灌好更换的药量，以使在进行更换药箱及电池的时候可以极快地更换，立马进入下个作业航线。提高了作业效率，同时还能避免与农药接触，极大保证了人员的安全。

8　运营监管技术

随着专业植保服务组织规模越来越大，设备及人员管理也越来越重要。运营管理系统能够实时调度人员协同作业，高效管理团队、无人机及相关设备。

监控管理系统能够让政府、植保站和团队管理者实时查看作业进展与成果、团队与遥控飞行喷雾机设备的分布情况，从而降低运营成本，提高植保效率，并且支持电子围栏（如军事区、机场等禁飞区），让遥控飞行喷雾机飞行更加安全。如图6.17所示。

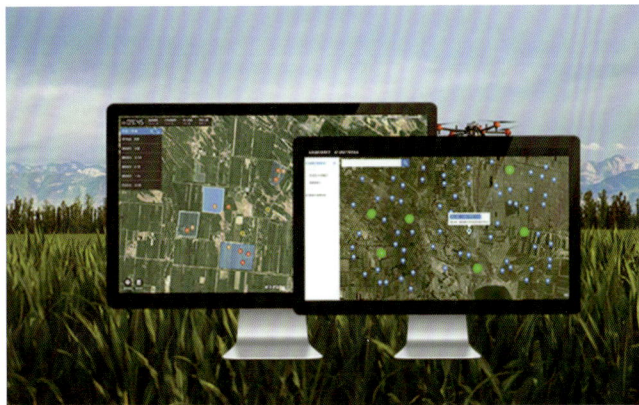

图6.17　2019款P30遥控飞行喷雾机运营监管技术

复习思考题

1. 什么是高精度定位技术？
2. 什么是测绘与航线规划技术？
3. 什么是自主控制技术？

三、注意事项

（一）阅读说明书

仔细阅读机器说明书，不明之处应到当地销售部门或植保部门咨询。

（二）动力系统注意事项

遥控飞行喷雾机在悬停状态时，电机之间的转速差最好在 200r 内，大于此值应检查机臂及电机座是否水平。

DSP（数字信号处理器）及主板温度最高不能超过 100℃，当温度超过 90℃后，需要对散热片进行检查，观察电调是否因为药液附着而导致散热变差。

（三）飞控及感知系统注意事项

当定位系统异常时，遥控飞行喷雾机会启用对地视觉定位，原地悬停 2min 直到卫星信号恢复，如果卫星信号还没恢复，遥控飞行喷雾机就会自动迫降，地面站也会自动提醒无人机多少秒后迫降。当地面不具备迫降条件时，地面站还会提供一个指定飞行功能，把遥控飞行喷雾机指定到一个最近的安全地点进行降落，此过程遥控飞行喷雾机的位置信息都由对地视觉提供，所以在指定飞行时勿将遥控飞行喷雾机指到水面等无纹理的环境。对地视觉功能使用的前提是能够准确抓取到地面的特征点，所以要注意保持镜头和 LED 补光灯的洁净。

（四）电力系统注意事项

1　温度提醒

主板温度高于 100℃时会有高温提醒，温度低于 90℃时会提醒解除；电池温度高于 60℃时会有高温提醒，低于 50℃时会提醒解除；电池温度低于 10℃时会有低温提醒，加热至 20℃时会提醒解除。

2　冷却与加热

当出现电池高温提醒时，禁止充、放电，把电池放置阴凉处冷却后方可正常使用；当出现电池低温提醒时，需对电池进行加热，加热的方式分为自动加热和手工加热，加热至 20℃停止，此时电池可正常使用。

3　电池容量

电池的最大容量会随着循环次数的增加而减小。

复习思考题

1. 动力系统有哪些注意事项？
2. 飞控及感知系统有哪些注意事项？
3. 电力系统有哪些注意事项？

四、维护保养

（一）基本维护保养

1 日常维护

每次起飞前都需要对飞行器的桨叶、机臂、喷洒系统等硬件进行检查，查看有无破损、连接是否牢靠、有无堵塞等。检查外部各连接线有无松脱。每天作业完后，需要将喷洒系统用清水加清洗剂冲洗两遍，保证喷洒系统无沉淀、无堵塞。整机擦拭干净整洁存放，尽量减少农药腐蚀。每次转场前或作业结束后将药箱装入弱碱水（肥皂水/皂粉水），开启蠕动泵清洁管道并排空，然后装入清水再次清洗排空，灌药机同样按该方法操作。运输时要确保飞行器摆放稳固，避免因飞行器来回晃动导致机臂、桨叶折损。

2 定期保养

◎机体结构的保养。遥控飞行喷雾机的机体由强度高、重量轻、耐腐蚀的碳纤维和航空铝合金等材料组成，由于进行植保作业时会有药液及田间灰尘吸附在机身上，所以每次作业结束后，需对遥控飞行喷雾机的机壳、桨叶、电机、机臂、雷达表面进行清理，清洗水泵、管路（擦拭时需注意电源接口，防止电源接口进水短路）。及时更换遥控飞行喷雾机安全系数较低的配件，减少无人机安全隐患。

◎喷洒系统的保养。遥控飞行喷雾机的喷洒系统是由药箱、水泵、流量计、喷头、喷嘴、滤网等组成，是直接接触到农药的重要部件。农药具有一定的腐蚀性，因此在每次作业结束后都要对遥控飞行喷雾机的喷洒系统进行清洗保养。及时更换已破损的管路，减少喷洒系统安全隐患。

◎药箱的保养。药箱使用过后会有农药残留在药箱内部，残余农药一般都呈酸性，需要碱性物质来中和，减小农药对药箱的腐蚀。向药箱里加入肥皂水或洗衣粉水反复晃动，放置两到三天后将里面残余药水倒空，再加入清水，将药箱内部清洗干净。及时检查药箱接口处的管路连接，紧固药箱出水口出螺丝。

◎水泵的保养。水泵的作用是给喷洒系统提供动力。保养水泵主要是检查水泵电源线绝缘层是否破损、插头是否被药物腐蚀、压力是否偏小、工作时是否有异响等情况。保证水泵可正常工作，在每次作业后会有药物或异物附着在水泵表面，及时用毛巾将水泵表面擦拭干净，减少农药对水泵的腐蚀。

如果发现水泵有异响或流量减少，则需要清理水泵内部异物或更换新的水泵。

◎流量计的保养。流量计是用来记录遥控飞行喷雾机作业时亩喷洒量的重要部件。定期清理流量计表面，拧下流量计背面的四颗螺丝，打开流量计外壳，取出叶轮，清洗内部农药残留，保证流量计叶轮可以正常旋转即可。若流量计叶轮磨损严重，则需要更换流量计。

◎喷头的保养。每次作业完成后，喷头、滤网处有大量农药残留，可用清水将内部残留农药清洗干净。具体方法是将喷嘴、滤网放置在清水中进行清洗，若喷头或滤网上残留农药清洗不干净，则可用牙刷将喷头清洗干净即可。

◎遥控设备的保养。遥控器要干燥保存，长期不用时，遥控器中的电子部件容易吸收空气中的水分导致不能正常工作。遥控器长期不使用时，应放在包装盒内，且每隔三个月通电工作一段时间，防止电子元件受潮。

◎电池的保养。锂电池如需长时间存储（超过一个月），建议充电到40%~60%。储存过程中应避免金属物进入电池箱，这可能导致电池产生泄露、发热、冒烟、火灾以及爆炸，应存储在阴凉、干燥、安全的环境。

（二）常见故障处理

1 动力系统

◎电调重启。检查相关硬件是否有进药，接头是否松动，相关线路是否损坏，电机线圈是否有损坏等。

◎电调无信号。检查电调到飞控的相关连接线是否存在断路或短路，相关硬件是否进药。

◎电机停止。检查是否为电机缺相、电机相间短路、电机到电调的线路故障。

◎电机响应异常。检查电机是否异常、电机到电调的连接线路是否异常、电调是否异常。

◎动力不足导致飞行异常、放电电流过高。检查电池各电芯电压是否失衡、电池电量是否充足，载药量是否合适、螺旋桨是否安装正确、电机是否正常。

2 飞行控制及感知系统

◎飞控 LED 异常闪灯。检查电池电压、信号质量、相关电路等。

◎雷达异常。检查雷达部分是否损坏或烧录变"砖"。

◎地形模块"特征点少"。检查地形模块视觉灯是否正常打开。

◎航线飞行时高度波动。依据飞行日志分析判断异常模块，检查电机、螺旋桨和相关的结构件等。

◎夜间作业，高度波动。检查地形模块表面是否有露水。

◎天目模块误测及自检。检查是否正确按照提示摆放遥控飞行喷雾机、当前光照是否充足。

3 喷洒系统

◎流量不准、误差大。检查是否校准错误或者药液整个管路不畅。

◎喷头电机转速异常、电流异常情况。检查喷头是否磨损或有药液侵蚀电路。

◎间歇性出药。检查喷洒系统各结构件是否正常。

◎校准失败。检查药箱有无药液、药嘴是否出药、蠕动泵管是否老化、流量计是否堵塞或叶轮被腐蚀损坏、管路（药箱至流量计区间）是否漏气或漏水。

4　RTK 定位系统

◎进入不了 RTK 或者中途退出 RTK。检查移动站与固定站是否有足够的共用卫星数、移动站接收到的 RTCM 数据（是一组由基准站生成的参考数据和一组由 GPS 等接收器采集的实际观测数据组成的数据）是否稳定有效。

◎ GPS 坐标位置或高度突变。检查卫星是否信号不良、遥控飞行喷雾机旁边有无高大遮挡物或 RTK 模块本身异常。

（三）疑难故障处理

动力正反逆差过大。

◎电机正反转逆差控制在 7% 以内一般是正常的，超过 10% 就是正反逆差过大，可能会造成飞机自旋，载重越大，自旋越明显，严重的还会造成动力响应不足炸机。造成正反逆差有以下几个原因：一是存在电机座安装不水平，处理方法是查看电机是否水平；二是机身强度不够，结构变形，或机臂跟机身连接结构件松动等问题，处理方法是紧固机身螺丝等，确保机身零配虚位变小；三是螺旋桨存在桨效差异，处理方法是更换一副新螺旋桨。

（四）维修信息

□ **生产厂家**：广州极飞科技有限公司
□ **机型名称**：2019 款 P30 遥控飞行喷雾机
□ **地址**：广州市天河区高普路 115 号 C 座

□ 电话：020-39218499

□ 网址：http://www.xa.com

复习思考题

1. 怎样做好多旋翼遥控飞行喷雾机的日常维护？

2. 怎样做好多旋翼遥控飞行喷雾机机体结构的保养？

3. 怎样做好多旋翼遥控飞行喷雾机遥控设备的保养？

参考文献

高连兴, 刘俊峰, 郑德聪. 农业机械化概论[M]. 北京: 中国农业大学出版社, 2011.

林宏明. 农业机械[M]. 北京: 高等教育出版社, 2017.

马世文, 惠贤, 王锦莲. 常用农业机械使用与维护[M]. 北京: 中国农业科学技术出版社, 2017.

谢生伟. 农业机械结构与维修[M]. 成都: 西南交通大学出版社, 2017.

浙江省农业机械学会. 现代农业装备与应用[M]. 杭州: 浙江科学技术出版社, 2018.

郑先凯, 韩李, 李振辉. 新型农业机械使用与维修[M]. 北京: 中国林业出版社, 2016.

后　记

本书从筹划到出版历时近一年，在浙江省农业农村厅、浙江省畜牧农机发展中心和浙江省农业机械试验鉴定推广总站的大力支持下，经数次修改完善，最终定稿。本书在编撰过程中，得到了余文胜、苗承舟、黄东明等专家的大力帮助；添翼航空的徐润统、三禾集团的郭庆生、合肥多加农业科技有限公司的秦广泉等提供了部分资料；浙江省植物护保农药站陈军昂专家对书稿进行了仔细审阅。在此表示衷心的感谢！

由于编者水平所限，书中难免有不妥之处，敬请广大读者提出宝贵意见，以便进一步修订和完善。